测绘 CAD

主　编　沙从术

副主编　卢　燕　王　静　徐　平

河南大学出版社
HENAN UNIVERSITY PRESS

·郑州·

图书在版编目（CIP）数据

测绘CAD / 沙从术主编. -- 郑州：河南大学出版社，2019.7（2025.8重印）

ISBN 978-7-5649-3820-8

Ⅰ.①测… Ⅱ.①沙… Ⅲ.①测绘学－AutoCAD软件－高等学校－教材 Ⅳ.① P2-39

中国版本图书馆CIP数据核字 (2019) 第151234号

责任编辑 柳　涛
责任校对 陈　巧
封面设计 郭　灿

出版发行	河南大学出版社
	地址：郑州市郑东新区商务外环中华大厦2401号　邮编：450046
	电话：0371-86059715（高等教育与职业教育分公司）
	0371-86059701（营销部）
	网址：hupress.henu.edu.cn
印　刷	郑州市今日文教印制有限公司
版　次	2021年12月第1版
印　次	2025年8月第3次印刷
开　本	787mm×1092 mm　1/16
印　张	12.25
字　数	283千字
定　价	32.00元

（本书如有印装质量问题，请与河南大学出版社联系调换。）

前 言

本教材是为了适应应用型本科教学改革与发展的需要，满足测绘类专业学生适应行业的需求，结合测绘类专业的教育标准、培养目标、知识和能力的要求以及该门课程的教学大纲而编写的，将计算机绘图与地形图绘制结合起来的新颖教材。

本教材编写的目的在于结合测绘行业的实际工作需要，能让学生掌握 AutoCAD 绘图软件的基本操作，强化学生按照《国家基本比例尺地图图式》（GB/T20257.1-2007）的规定，利用计算机绘制地形图的技能，从而培养学生具备从事测绘工程、解决测绘工程中实际问题的能力。

本教材以《国家基本比例尺地图图式》（GB/T20257.1-2007）为依据，紧密结合专业和学生的特点，充分满足教学和工作的需求，以 AutoCAD 的基本操作为先导，以绘制地形图符号和图例的训练为主线，构建相关的教学内容。教材内容做到简练、严谨，具有针对性、实用性和先进性等特色。同时，精心选绘了大量的地形图图例符号，以便于学生的理解、学习与操作练习，更加突出对学生实践应用能力的培养。

该教材由学校教学经验丰富的教师、规划设计院和软件开发人员共同协作编写，全书共分八章内容，前六章重点是 AutoCAD 绘图知识，辅以地形图图例练习，后两章重点介绍如何利用 CAD 软件绘制地形图，包括居民地的绘制、道桥的绘制、水系的绘制、垣栅的绘制、植被的绘制、独立地物的绘制、控制点的绘制、图廓的绘制等。本教材由河南工程学院沙从术主编，卢燕、王静、徐平任副主编，参加编写的人员有：河南工程学院徐平（第1章、第2章），河南工程学院沙从术（第3章），河南工程学院卢燕（第4章、第5章），清华同衡规划设计研究院沙霖（第6章），郑州工业应用技术学院王静（第7章、第8章）本教材除了作为测绘类专业学生的专业教材，还可以作为相关专业和工程技术人员的参考用书。

由于编者水平所限，教材中难免存在一些不足和错误，敬请广大读者批评指正。

编者

2019 年 5 月

目　　录

第1章　绪　　论 ... 001
1.1　界面操作 ... 002
1.2　文件管理 ... 008
1.3　基本输入操作 ... 011

第2章　二维图形的绘制 ... 017
2.1　绘制点 ... 018
2.2　绘制直线图形 ... 020
2.3　绘制曲线图形 ... 026
2.4　绘制特殊线 ... 030
2.5　图案填充 ... 035

第3章　二维图形的编辑 ... 044
3.1　选择对象 ... 045
3.2　复制类编辑命令 ... 049
3.3　改变几何特性类命令 ... 056
3.4　删除与恢复类命令 ... 062

第4章　定义绘图环境 ... 065
4.1　设置图形环境 ... 066
4.2　图层与图层特性管理 ... 069
4.3　对象特性 ... 077
4.4　精确绘图辅助工具 ... 078

4.5 控制图形显示 086

第5章 块、外部参照和设计中心 091

5.1 图块操作 092
5.2 外部参照 103
5.3 设计中心 110

第6章 文字、表格、尺寸标注与图形查询 114

6.1 文字标注 115
6.2 表格 119
6.3 尺寸标注 122
6.4 图形查询 144

第7章 测绘符号制作 148

7.1 地形图图式符号的分类 149
7.2 创建地形图独立地物符号 153
7.3 创建地形图线型 161
7.4 定制地形填充图案 167

第8章 地形图绘制 174

8.1 地形图基本知识 175
8.2 数据加载和格式转换 178
8.3 绘图环境设置 178
8.4 坐标点的展绘 182
8.5 地图形的绘制 182
8.6 等高线的绘制 183

第1章 绪 论

教学过程设计与建议

课程内容	1.1 操作界面 1.2 文件管理 1.3 基本输入操作
任务设计	结合学生初步学习AutoCAD软件的实际情况，选择简单的地物符号进行绘制，在绘制简单图形的过程中掌握AutoCAD软件的操作方法，同时提高学生的学习兴趣。
知识目标	了解AutoCAD软件的用户界面；掌握绘图环境的设置方法；掌握AutoCAD图形文件的创建、保存和打开方式；掌握AutoCAD命令的使用方法；掌握坐标系统与坐标数据的输入方法。
能力目标	学会AutoCAD软件的安装、启动，能进行AutoCAD命令的正确应用；能为图形文件进行加密。
教学重点	AutoCAD软件的操作界面和各种命令的调用，工具栏的设置与使用。
教学难点	坐标系统的理解与动态数据的输入方法；透明命令的应用。
授课形式建议	教师演示与学生练习相结合。
教学过程设计	教师演示：AutoCAD软件安装→打开界面→菜单切换介绍→命令输入→工具栏设置与调用→绘图环境设置→简单图形绘制→文件保存。
技能训练	学生练习：AutoCAD软件界面启动→菜单切换→输入命令→工具栏调用→设置绘图单位与图形界限→简单图形绘制→文件保存。
考核标准	根据学生练习的速度和正确率情况计入平时成绩。

1.1 操作界面

AutoCAD 软件安装完毕，可以双击桌面上的快捷图标启动 AutoCAD 程序，其操作界面是打开软件显示的第一个画面，如图 1-1 所示，它也是 AutoCAD 显示、编辑图形的区域。下面对 AutoCAD 操作界面介绍如下。

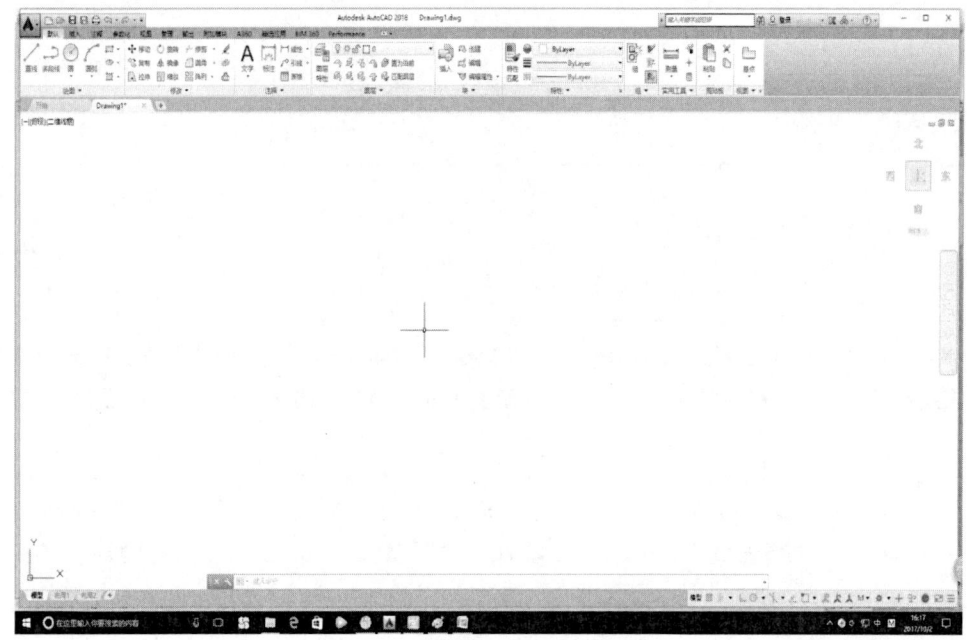

图 1-1 AutoCAD2016 操作界面

AutoCAD 操作界面包括标题栏、绘图区、十字光标、坐标系图标、命令行窗口、状态栏、布局标签和快速访问工具栏等。

1.1.1 标题栏

在 AutoCAD 2016 中文版操作界面的最上端是标题栏。在标题栏中，显示了系统当前正在运行的应用程序（AutoCAD 2016）和用户正在使用的图形文件。第一次启动 AutoCAD 时，在操作界面的标题栏中，将显示 AutoCAD 2016 在启动时创建并打开的图形文件的名称 Drawing1.dwg，如图 1-1 所示。

1.1.2 菜单栏

菜单栏位于标题栏的下面，如图 1-2 所示。AutoCAD 2016 的菜单栏中包含 12 个菜单：文件、编辑、视图、插入、格式、工具、绘图、标注、修改、参数、窗口和帮助，这些菜单几乎包含了 AutoCAD 的所有绘图命令。一般来讲，AutoCAD 下拉菜单中的命令有以下 3 种。

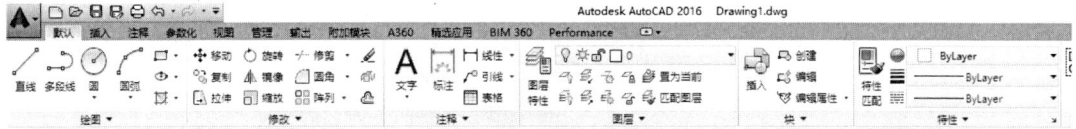

图 1-2　菜单栏显示界面

1.1.2.1　直接操作的菜单命令

执行这种类型的命令将直接进行相应的绘图或其他操作。例如，选择"格式"菜单中的"图形界限"命令，命令行将提醒你输入左下角坐标和右上角坐标，设定图纸的大小，如图 1-3 所示。

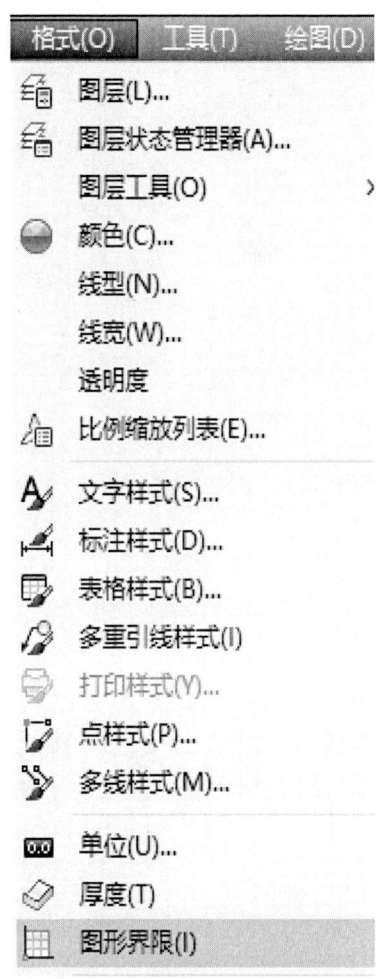

图 1-3　直接执行的菜单命令

1.1.2.2　带有子菜单的菜单命令

菜单栏中下拉菜单带有小三角形的菜单命令后面还有子菜单。例如，选择"绘图"菜单,指向其下拉菜单中的"圆"命令,屏幕上就会进一步显示出"圆"子菜单中所包含的命令,如图 1-4 所示。

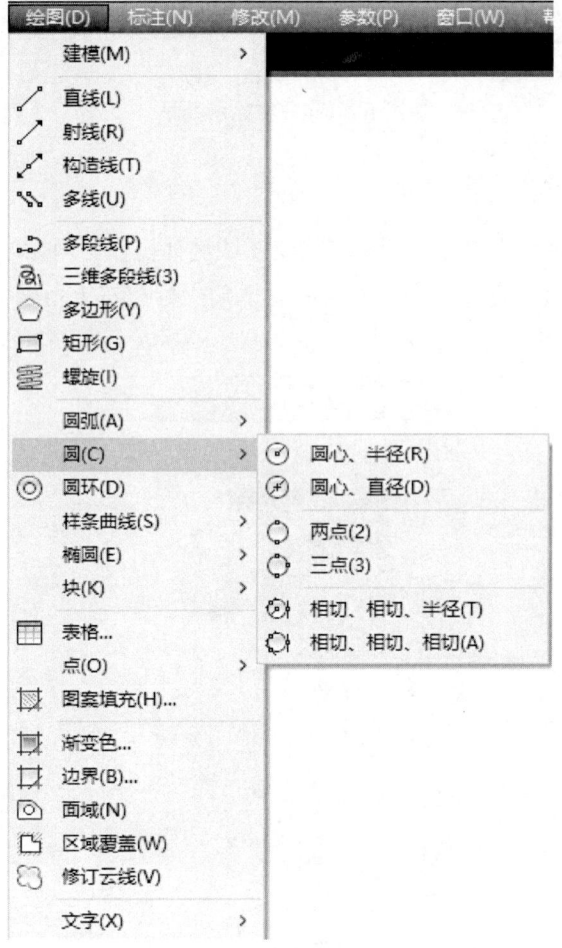

图 1-4　带有子菜单的菜单命令

1.1.2.3　打开对话框的菜单命令

菜单栏中下拉菜单后面带有省略号。例如,选择"格式"菜单,再选择其下拉菜单中的"线型"命令,如图 1-5 所示。单击"线型"命令后,屏幕上就会弹出"线型"对话框,如图 1-6 所示。

1.1.3　工具栏

工具栏是一组图标型工具的集合,选择菜单栏中的"工具"→"工具栏"→ AutoCAD 命令,调出所需要的工具栏,把光标移动到某个图标处,稍停片刻即在该图标一侧显示相应的工具提示,同时在状态栏中显示对应的说明和命令名。此时,单击图标也可以启动相应命令。

第 1 章 绪　论

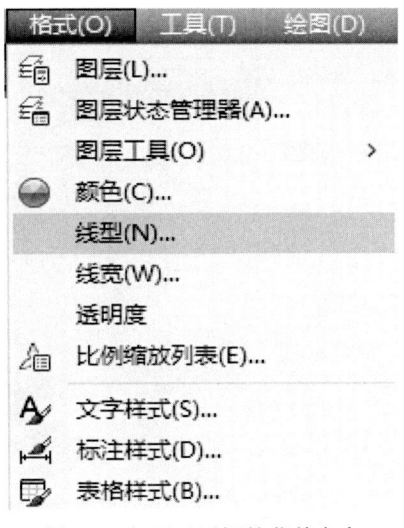

图 1-5　打开对话框的菜单命令

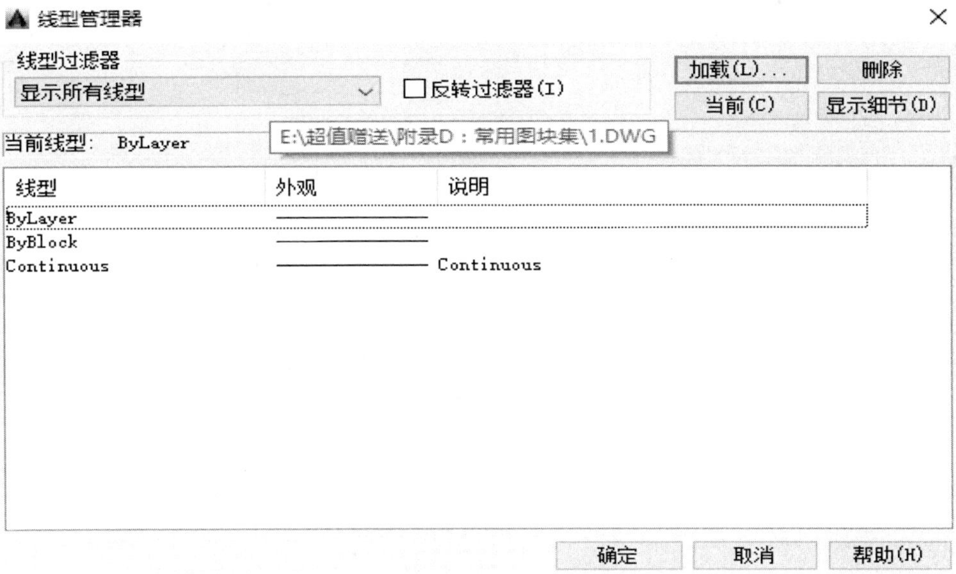

图 1-6　"线型管理器"对话框

1.1.3.1　设置工具栏

AutoCAD 2016 的标准菜单提供有几十种工具栏，选择菜单栏中的"工具"→"工具栏"→ AutoCAD 命令，调出所需要的工具栏，如图 1-7 所示。单击某一个未在界面显示的工具栏名，系统自动在界面打开该工具栏。

1.1.3.2　工具栏的固定、浮动与打开

工具栏可以在绘图区"浮动"，如图 1-8 所示，此时显示该工具栏标题，并可关闭该工具栏，用鼠标可以拖动浮动工具栏到图形区边界，使其变为固定工具栏。也可以把固定

工具栏拖出，使其成为浮动工具栏。

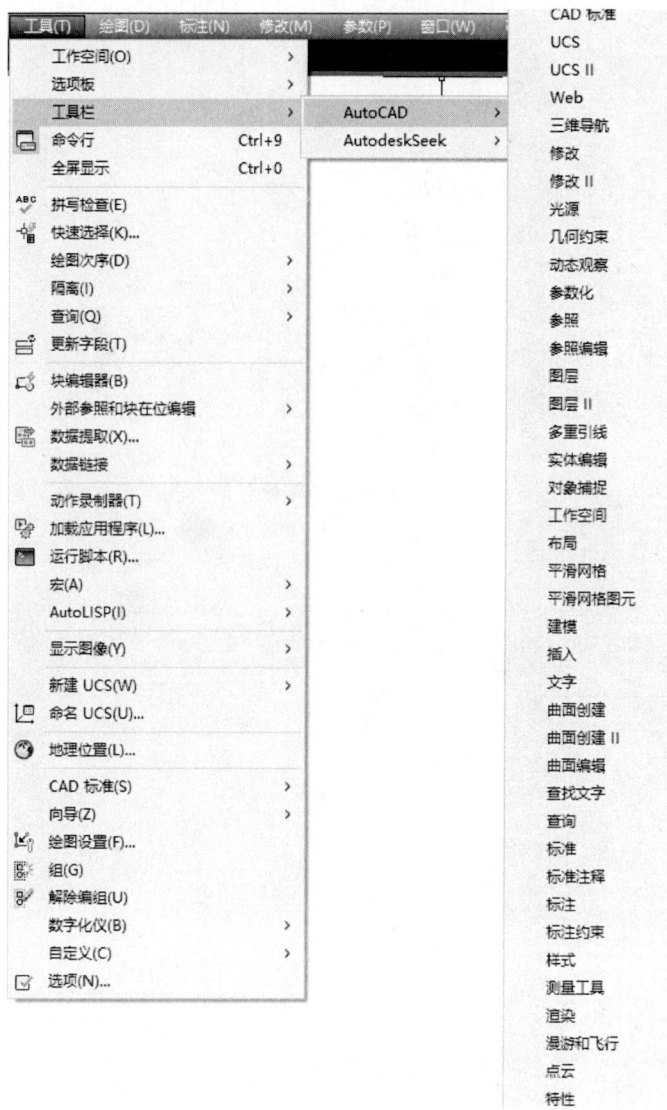

图 1-7　设置工具栏

图 1-8　固定和浮动工具栏

1.1.4 绘图区

绘图区是指在标题栏下方的大片空白区域，绘图区域是用户使用 AutoCAD 绘制图形的区域，用户完成一幅设计图形的主要工作都是在绘图区域中完成的。在绘图区有一个十字光标，其交点反映了光标在当前坐标系中的位置。十字线的方向与当前用户坐标系的 X 轴、Y 轴方向平行，十字线的长度默认为屏幕大小的 5%，如图 1-1 所示，十字光标的大小和绘图窗口的颜色均可以通过"工具"菜单中的"选项"命令来修改。

1.1.5 命令行窗口

命令行窗口是输入命令名和显示命令提示的区域，默认的命令行窗口布置在绘图区下方，如图 1-1 所示。移动拆分条，可以扩大与缩小命令行窗口，可以拖动命令行窗口，布置在屏幕上的其他位置。AutoCAD 通过命令行窗口反馈各种信息，包括出错信息。因此，在操作过程中要时刻关注在命令行窗口中出现的信息。

1.1.6 状态栏

状态栏在屏幕的底部，依次有"坐标""模型空间""栅格""捕捉模式""推断约束""动态输入""正交模式""极轴追踪""等轴测草图""对象捕捉追踪""二维对象捕捉""线宽""透明度""选择循环""三维对象捕捉""动态 UCS""选择过滤""小控件""注释可见性""自动缩放""注释比例""切换工作空间""注释监视器""单位""快捷特性""图形性能""全屏显示""自定义" 28 个功能按钮。用鼠标单击这些开关按钮，按键凹陷为打开状态，凸起则为关闭状态。

1.1.7 布局标签

AutoCAD 系统默认设定一个模型空间和两个布局标签。布局是系统为绘图设置的一种环境，包括图样大小、尺寸单位、角度设定、数值精确度等，在系统预设的 3 个标签中，这些环境变量都按默认设置。用户可以根据实际需要改变这些变量值，也可以根据需要设置符合自己要求的新标签。AutoCAD 的空间分为模型空间和图样空间。模型空间是通常绘图的环境，而在图样空间中，用户可以创建"浮动视口"区域，以不同视图显示所绘图形。用户可以在图样空间中调整浮动视口并决定所包含视图的缩放比例。如果选择图样空间，则可打印多个视图，用户可以打印任意布局的视图。

1.2 文件管理

AutoCAD 2016 文件管理包括新建文件、打开文件、保存文件、删除文件、图形修复等，这些都是 AutoCAD 2016 中最基础的知识。

1.2.1 新建文件

启动 AutoCAD 之后，系统自动打开一个默认名称为 Drawingl.dwg 的图形文件。在绘制图形时，需要新建图形文件。新建图形文件的方法有如下三种：

第一种方法：在命令行中输入"NEW"命令。

第二种方法：选择菜单栏中的"文件"→"新建"命令或选择主菜单中的"新建"命令。

第三种方法：单击"标准"工具栏中的"新建"按钮或单击快速访问工具栏中的"新建"按钮。

执行上述操作后，系统打开如图 1-9 所示的"选择样板"对话框，在"文件类型"下拉列表框中有 3 种格式的图形样板，后缀分别是 .dwt、.dwg 和 .dws。一般情况下 .dwt 文件是标准的样板文件，通常将一些规定的标准性的样板文件设成 .dwt 文件；.dwg 文件是普通的样板文件；而 .dws 文件是包含标准图层、标注样式、线型和文字样式的样板文件。

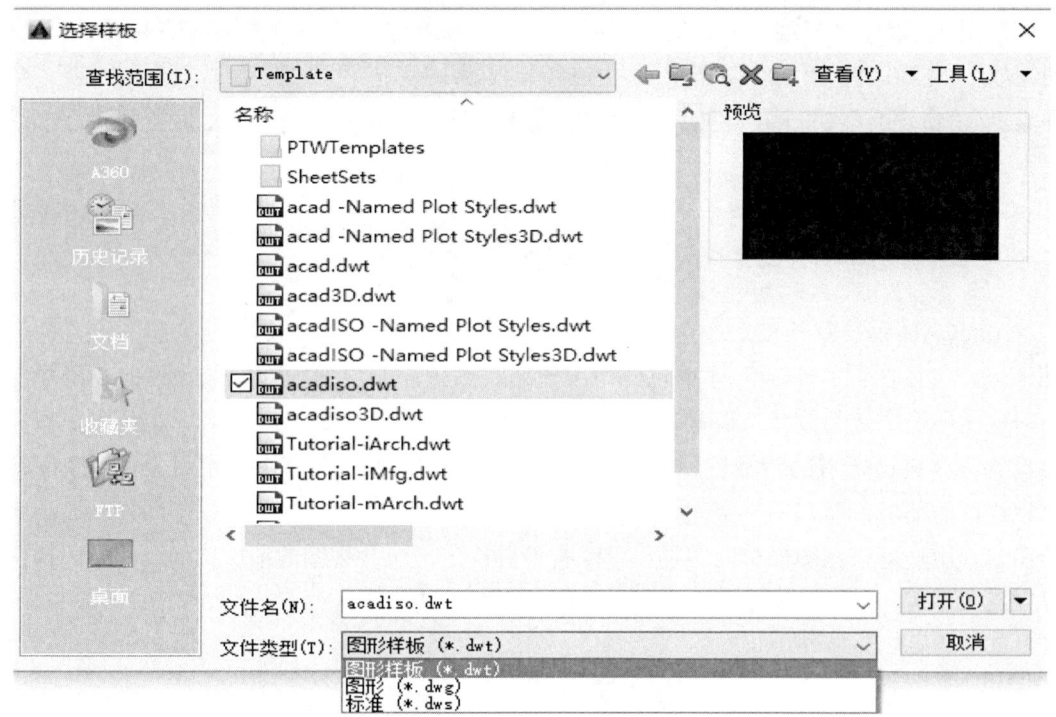

图 1-9 "选择样板"对话框

1.2.2 打开文件

如需对已有的图形文件进行编辑,则首先必须将其打开。打开图形文件主要有如下三种方法:

第一种方法:在命令行中输入"OPEN"命令。

第二种方法:选择菜单栏中的"文件"→"打开"命令或选择主菜单中的"打开"命令。

第三种方法:单击"标准"工具栏中的"打开"按钮 或单击快速访问工具栏中的"打开"按钮 。

执行上述操作后,打开"选择文件"对话框,如图1-10所示,在"文件类型"下拉列表框中用户可选择.dwg、.dwt、.dxf和.dws文件。.dxf文件是用文本形式存储的图形文件,能够被其他程序读取,许多第三方应用软件都支持.dxf格式。

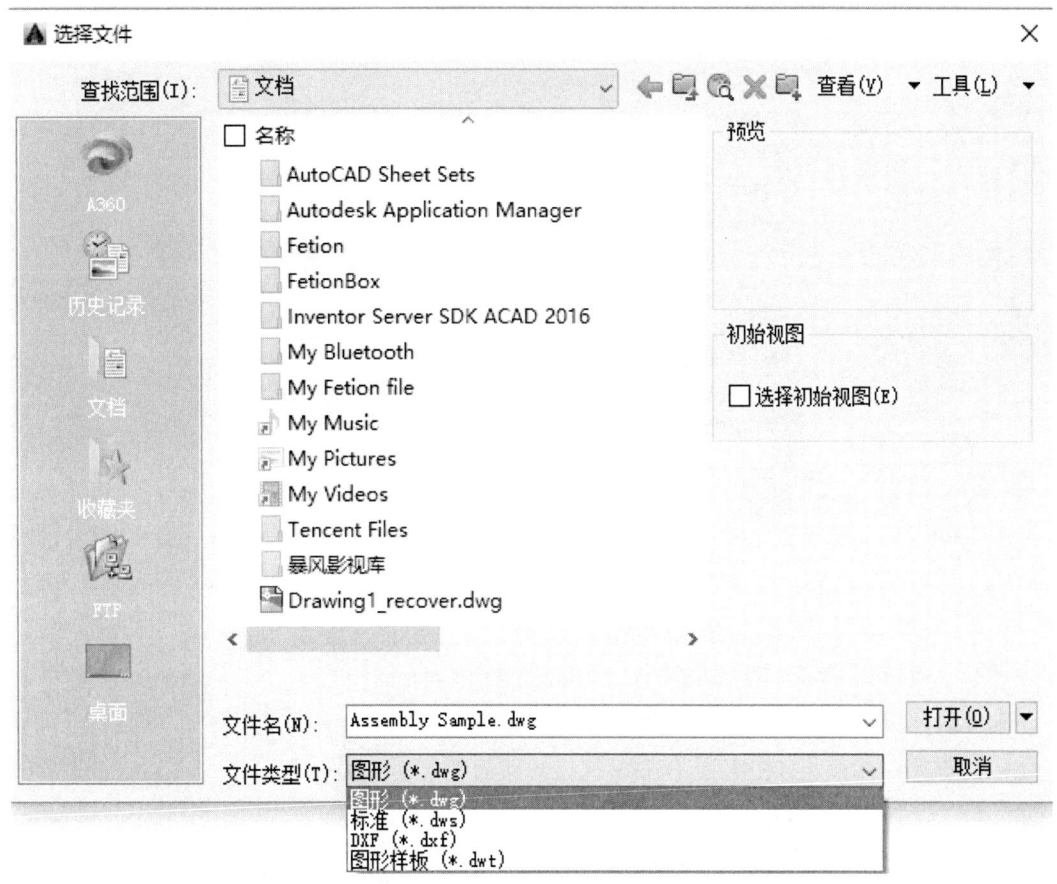

图1-10 "选择文件"对话框

1.2.3 保存文件

在新建的图形文件中绘制图形时,为了避免计算机出现意外故障,需要使用"保存"

命令对当前图形进行存盘，防止绘制的图形丢失。保存图形文件的方法主要有如下三种：

第一种方法：在命令行中输入"SAVE"命令。

第二种方法：选择菜单栏中的"文件"→"保存"命令或选择主菜单中的"保存"命令。

第三种方法：单击"标准"工具栏中的"保存"按钮■或单击快速访问工具栏中的"保存"按钮■。

执行上述操作后，若文件已命名，则AutoCAD自动保存；若文件未命名（即为默认名Drawingl.dwg），则系统打开"图形另存为"对话框，如图1-11所示，用户可以命名保存。在"保存于"下拉列表框中可以指定保存文件的路径；在"文件类型"下拉列表框中可以指定保存文件的类型。

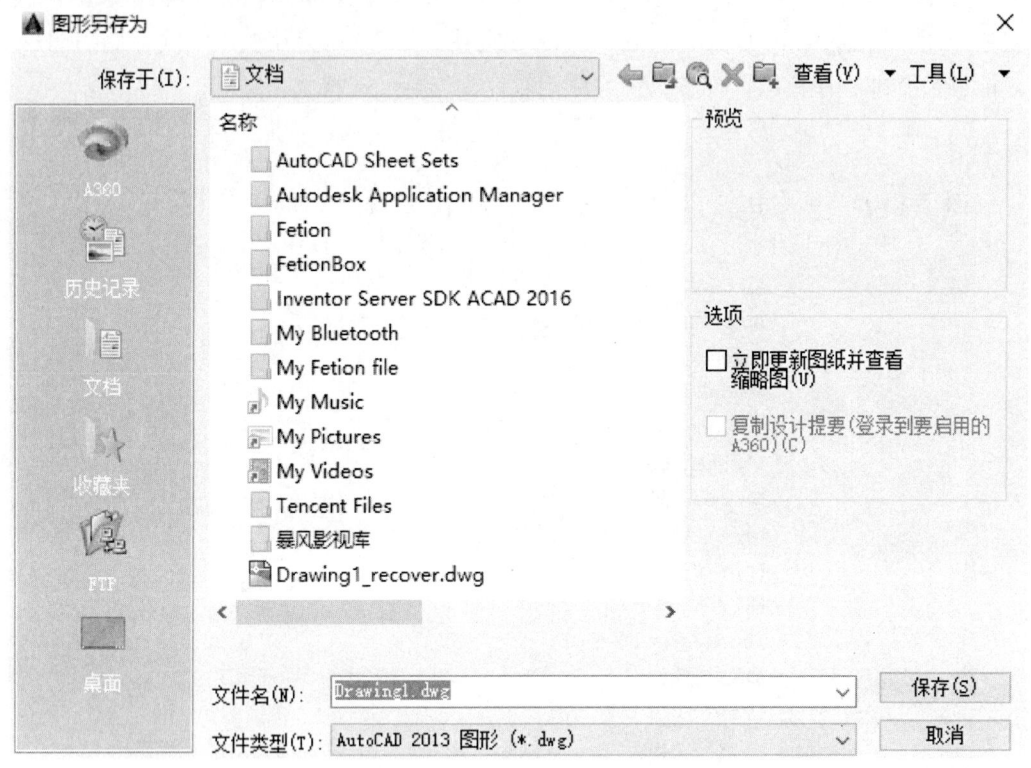

图1-11 "图形另存为"对话框

为了防止因意外操作或计算机系统故障导致正在绘制的图形文件丢失，可以对当前图形文件设置自动保存。在打开已有图形进行修改后，可用"另存为"命令对其进行重命名存储。

1.2.4 退出

图形绘制完毕后，想退出AutoCAD，可用退出命令，退出AutoCAD的方法主要有如下三种：

第一种方法：在命令行中输入"QUIT"或"EXIT"命令。

第二种方法：选择菜单栏中的"文件"→"退出"命令或选择主菜单中的"关闭"命令。

第三种方法：单击 AutoCAD 操作界面右上角的"关闭"按钮 ×。

执行上述操作后，若对图形所做的修改尚未保存，则会出现如图 1-12 所示的系统警告对话框。单击"是"按钮，系统将保存文件，然后退出；单击"否"按钮，系统将不保存文件。若对图形所做的修改已经保存，则直接退出。

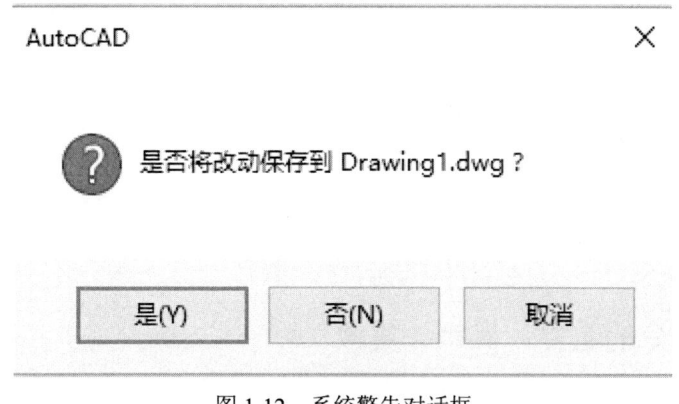

图 1-12　系统警告对话框

1.3　基本输入操作

在 AutoCAD 中，有一些基本的输入操作方法，这些基本方法是进行 AutoCAD 绘图的必备知识，也是深入学习 AutoCAD 的前提。

1.3.1　命令输入方式

1.3.1.1　在命令行窗口输入命令名或缩写字母

命令字符不区分大小写。例如，绘制直线命令：LINE ✓ 或 L ✓。执行命令时，在命令行提示中经常会出现命令选项。如输入绘制直线命令 LINE 后，在命令行的提示下在屏幕上指定一点或输入点坐标，当命令行提示"指定下一点或 [放弃（U）]："时，选项中不带括号的提示为默认选项，可以直接输入直线段的起点坐标或在屏幕上指定一点，如果要选择其他选项，则应该首先输入该选项的标识字符，如"放弃"选项的标识字符为 U，然后按系统提示输入数据即可。在命令选项的后面有时还带有尖括号，尖括号内的数值为默认数值。

1.3.1.2　选择绘图菜单下相应的命令选项

选择该选项后，在状态栏中可以看到对应的命令说明及命令名。

1.3.1.3　单击工具栏中的对应图标

单击图标后在状态栏中也可以看到对应的命令说明及命令名。

1.3.1.4　在绘图区右击打开快捷菜单

如果在前面刚使用过要输入的命令，可以在绘图区用右键打开快捷菜单，在"最近的输入"子菜单中选择需要的命令。

1.3.1.5　在命令行按 Enter 键

如果用户要重复使用前一次使用的命令，可以直接在命令行按 Enter 键，系统立即重复执行上次使用的命令，这种方法适用于重复执行某个命令。

1.3.2　命令的重复、撤销、重做

1.3.2.1　命令的重复

在命令行窗口中按 Enter 键可重复调用上一个命令，不管上一个命令是完成了还是被取消了。

1.3.2.2　命令的撤销

在命令执行的任何时刻都可以取消和终止命令的执行。执行该命令时，调用方式有如下四种：

第一种方法：在命令行中输入"UNDO"命令。
第二种方法：选择菜单栏中的"编辑"→"放弃"命令。
第三种方法：单击"标准"工具栏中的"放弃"按钮 。
第四种方法：利用快捷键 Esc。

1.3.2.3　命令的重做

已被撤销的命令还可以恢复重做。执行该命令时，调用方式有如下三种：
第一种方法：在命令行中输入"REDO"命令。
第二种方法：选择菜单栏中的"编辑"→"重做"命令。
第三种方法：单击"标准"工具栏中的"重做"按钮 。
该命令可以一次执行多重放弃和重做操作。

1.3.3 坐标系统与数据的输入方法

1.3.3.1 坐标系

AutoCAD 采用两种坐标系：世界坐标系（WCS）与用户坐标系（UCS）。用户刚进入 AutoCAD 时的坐标系统就是世界坐标系，是默认的坐标系统。世界坐标系也是坐标系统中的基准，绘制图形时多数情况下都是在这个坐标系统下进行的，用户可以根据需要切换到用户坐标系统，调用用户坐标系的方法有如下三种：

第一种方法：在命令行中输入"UCS"命令。

第二种方法：选择菜单栏中的"工具"→"新建 UCS"命令。

第三种方法：单击"UCS"工具栏中的 UCS 按钮 。

1.3.3.2 坐标输入方法

在 AutoCAD 中，点的坐标可以用直角坐标、极坐标、球面坐标和柱面坐标表示，每一种坐标又分别具有两种坐标输入方式：绝对坐标和相对坐标。其中，直角坐标和极坐标最为常用。

（1）直角坐标法：用点的 X、Y 坐标值表示的坐标。例如，在命令行中输入点的坐标提示下，输入"10,15"，则表示输入了一个 X、Y 的坐标值分别为 10、15 的点，此为绝对坐标输入方式，表示该点的坐标是相对于当前坐标原点的坐标值，如图 1-13（a）所示。如果输入"@12,16"，则为相对坐标输入方式，表示该点的坐标是相对于前一点的坐标值，如图 1-13（b）所示。

（2）极坐标法：用长度和角度表示的坐标，只能用来表示二维点的坐标。在绝对坐标输入方式下，表示为"长度<角度"，如"20<60"，其中，长度 20 为该点到坐标原点的距离，角度 60 为该点至原点的连线与 X 轴正向的夹角，如图 1-13（c）所示。在相对坐标输入方式下，表示为"@长度<角度"，如"@18<45"，其中长度 18 为该点到前一点的距离，角度 45 为该点至前一点的连线与 X 轴正向的夹角，如图 1-13（d）所示。

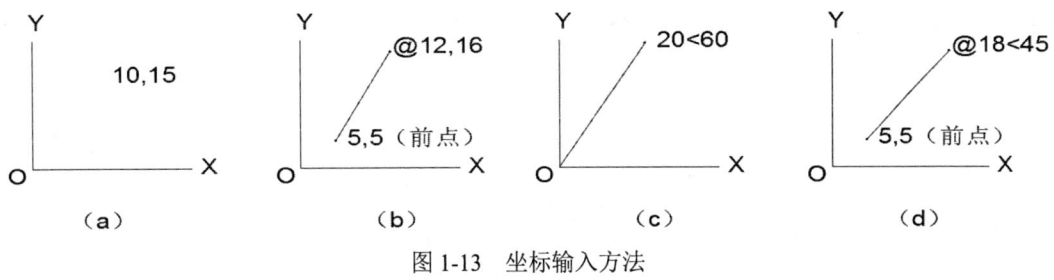

图 1-13　坐标输入方法

1.3.3.3 动态数据输入

单击状态栏上的 DYN 按钮，系统打开动态输入功能，可以在屏幕上动态地输入某些参数数据。例如，绘制直线时，在光标附近会动态地显示"指定第一个点"以及后面的坐标框，当前显示的是光标所在位置，可以输入数据，两个数据之间以逗号隔开，如图1-14所示。指定第一点后，系统动态显示直线的角度，同时要求输入线段长度值，如图1-15所示，其输入效果与"@长度<角度"方式相同。

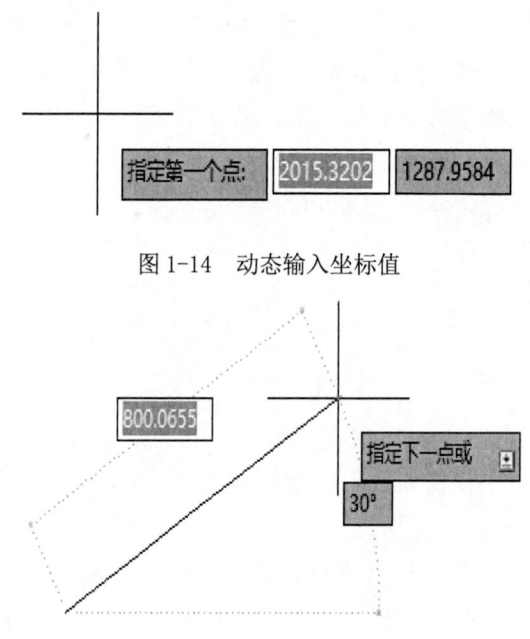

图1-14 动态输入坐标值

图1-15 动态输入长度值

绘图过程中，常需要输入点的位置，AutoCAD提供了如下几种输入点的方式。

用键盘直接在命令行窗口中输入点的坐标：直角坐标有两种输入方式，分别为绝对直角坐标和相对直角坐标。

极坐标的输入方式有绝对极坐标和相对极坐标两种。

用鼠标等定标设备移动光标并单击，在屏幕上直接拾取点。

用对象捕捉方式捕捉屏幕上已有图形的特殊点（如端点、中点、中心点、插入点、交点、切点、垂足点等）。

直接输入距离：先用光标拖拉出橡筋线确定方向，然后输入距离，这样有利于准确控制对象的长度等参数。

1.3.4 透明命令

在AutoCAD中有些命令不仅可以直接在命令行中使用，还可以在其他命令的执行过程中插入并执行，待该命令执行完毕后，系统继续执行原命令，这种命令称为透明命令。透明命令一般多为修改图形设置或打开辅助绘图工具的命令。例如缩放和平移命令，使用这两个命令可以在绘图区放大或缩小图像显示，或改变图形位置，方便用户作图和看图。

1.3.4.1 实时缩放

AutoCAD 2016 为交互式的缩放提供了可能。利用实时缩放，用户就可以通过垂直向上或向下移动鼠标的方式来放大或缩小图形。实时缩放命令主要有以下几种调用方法：

在命令行中输入"ZOOM"命令。

选择菜单栏中的"视图"→"缩放"→"实时"命令。

单击"标准"工具栏中的"实时缩放"按钮。

单击"视图"选项卡"导航"面板"范围"下拉菜单中的"实时"按钮。

向上或向下滑动鼠标中键，也可以放大或缩小图形。

另外，缩放命令还有动态缩放、窗口缩放、比例缩放、中心缩放、全部缩放、对象缩放、缩放上一个和最大图形范围缩放功能。

1.3.4.2 实时平移

平移是相对缩放的另一种转换图形显示范围的工具，在绘图过程中也经常用到。利用实时平移，可通过单击或移动鼠标重新放置图形。实时平移命令主要有以下几种调用方法：

在命令行中输入"PAN"命令。

选择菜单栏中的"视图"→"平移"→"实时"命令。

单击"标准"工具栏中的"实时平移"按钮。

单击"视图"选项卡"导航"面板中的"平移"按钮。

按住鼠标中键，也可以实现实时平移图形。

执行上述操作后，光标变为形状，按住鼠标左键移动手形光标即可平移图形。在 AutoCAD 2016 中，除了最常用的实时平移命令外，也常用到定点平移命令，根据系统提示指定基点位置或输入位移值，在命令行提示下指定第二点确定位移和方向。

思考练习题

1．坐标"@30＜15"中的"30"表示（　　）。
A．该点与原点的连线与 X 轴夹角为 30°
B．该点到原点的距离为 30
C．该点与前一点的连线与 X 轴夹角为 30°
D．该点相对于前一点的距离为 30

2．在一个视图中对模型空间视口进行配置，一次最多可设置（　　）个视口。
A．1　　　　　　B．2　　　　　　C．4　　　　　　D．无限个

3．绘制一条直线，起点坐标为（10，20），在命令行中输入（@30，60）确定终点。

若以该直线为矩形的对角线，则坐标（　　）不可能为矩形角点的坐标。

  A．(10，40) B．(40，80) C．(10，80) D．(40，20)

4．默认状态下，绘图窗口下方有（　　）个布局选项卡。

  A．1 B．2 C．3 D．4

5．Auto CAD 软件的退出命令是（　　）。

  A．pline B．spline C．ellipse D．Quit

6．执行 AutoCAD 命令有哪些方式？

7．在 AutoCAD 2016 中，用户可以使用哪几种坐标来确定点位？

上机训练

1．熟悉 AutoCAD 操作界面：

（1）启动 AutoCAD 2016，进入绘图界面。

（2）设置绘图窗口颜色与光标大小。

（3）打开、移动、关闭工具栏。

（4）尝试分别利用命令行、下拉菜单和工具栏绘制一条线段。

2．管理图形文件：

（1）启动 AutoCAD 2016，进入绘图界面。

（2）打开一幅已经保存过的图形。

（3）进行自动保存设置。

（4）进行加密设置。

（5）将图形以新的名称保存。

（6）尝试在图形上绘制任意图线。

（7）退出该图形。

（8）尝试重新打开按新名称保存的原图形。

3．按以下步骤进行数据输入：

（1）在命令行中输入"LINE"命令。

（2）输入起点的直角坐标方式下的绝对坐标值（10,10）。

（3）输入下一点的直角坐标方式下的相对坐标值（@297,210）。

（4）输入下一点的极坐标方式下的绝对坐标值（100<45）。

（5）输入下一点的极坐标方式下的相对坐标值（@100<45）。

（6）用鼠标直接指定下一点的位置。

（7）单击状态栏上的"正交"按钮，用鼠标拉出下一点的方向，在命令行输入一个数值。

（8）按 Enter 键结束绘制线段的操作。

第 2 章　二维图形的绘制

教学过程设计与建议

课程内容	2.1　绘制点 2.2　绘制直线图形 2.3　绘制曲线图形 2.4　绘制特殊线 2.5　图案填充
任务设计	1. 用直角坐标和极坐标方法输入图形中的控制点坐标。 2. 绘制地形图中的依比例尺符号。
知识目标	掌握点的输入方法及点样式的设置；掌握绘制基本图形的命令 LINE、XLINE、RAY、PLINE、RECTANG、ARC、POLYGON、ELLIPSE、SPLINE、MLINE；掌握图案填充设置与方法。
能力目标	能够结合实际图例，应用直线、多段线、样条曲线、多线、圆、椭圆、圆弧和图案填充等基本绘图工具，按其真实大小和形状绘制出来，并会根据需要进行图案填充。
教学重点	用直角坐标和极坐标确定点位，各种直线图形和曲线图形的绘制。
教学难点	多线的设置与绘制方法；图案填充的设置与应用。
授课形式建议	教师演示与学生练习相结合。
教学过程设计	教师演示：点样式设置→点的输入→基本线的绘制→线性图形的绘制→绘图过程中的注意事项及技巧→面域图形的图案填充。
技能训练	学生练习：按课后训练题或教师指定的样图→点的操作→直线图绘制→曲线图绘制→多线图绘制→图案填充→文件保存。
考核标准	给定一个较复杂的图形，练习点的输入、线形图的绘制和图案填充的方法，根据学生绘图的速度和正确率计入平时成绩。

2.1 绘制点

点是组成图形最基本的实体对象之一,点在 AutoCAD 中有不同的表示方式,可以根据需要进行设置,也可以设置等分点和测量点。

2.1.1 设置点样式

在 AutoCAD 2016 中可以定制点的类型,从而得到各种需要的点类型。定制点的类型是通过"点样式"对话框完成的,可以通过以下两种方法调出"点样式"对话框。

第一种方法:在命令行中输入"DDPTYPE"命令。

第二种方法:选择菜单栏中的"格式"→"点样式"命令。

执行上述操作后,打开如图 2-1 所示的"点样式"对话框,在其中可以设置点的样式以及点的大小等。设置完成后,执行绘制点命令时将应用该样式。

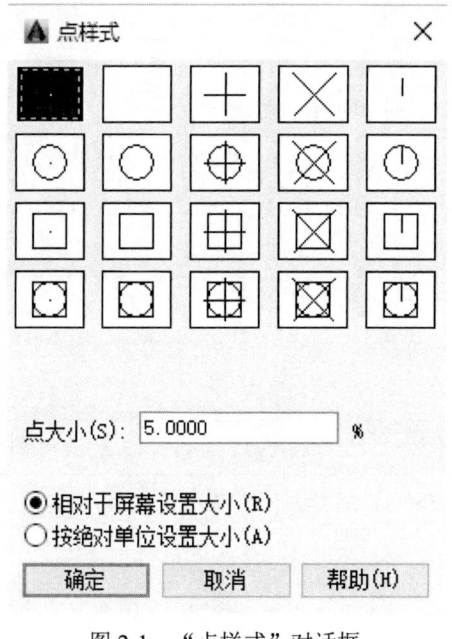

图 2-1 "点样式"对话框

2.1.2 绘制单点

绘制单点,首先需要执行"单点"命令,该命令主要有如下两种调用方法:

第一种方法:在命令行中输入"POINT"或"PO"命令。

第二种方法:选择菜单栏中的"绘图"→"点"→"单点"命令,如图 2-2 所示。

执行上述操作之后，将出现命令行提示，在命令行提示后输入点的坐标或在屏幕上单击，即可绘制单点。

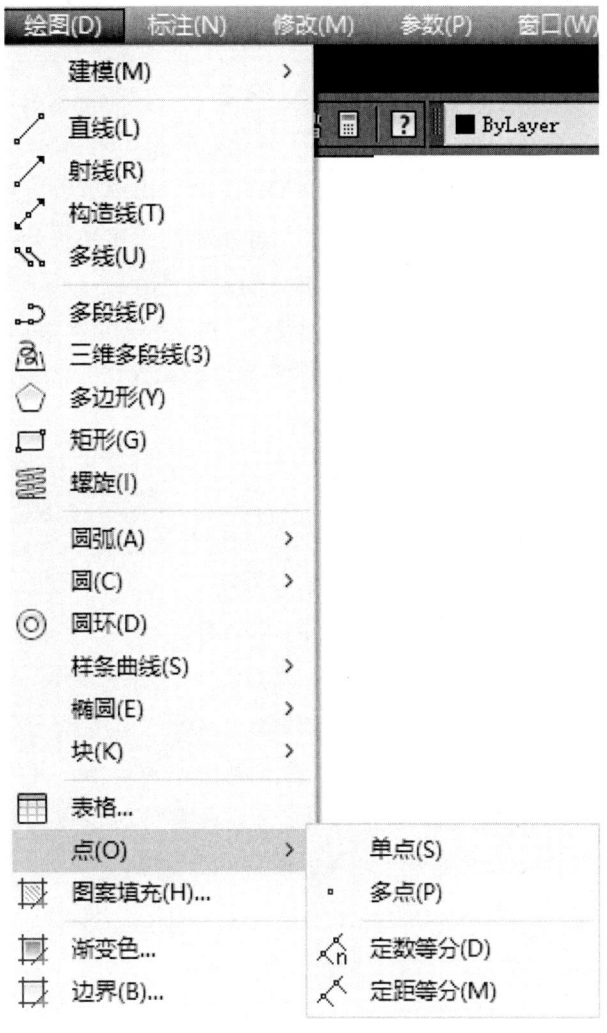

图 2-2 绘制"点"的子菜单

2.1.3 绘制多点

用 AutoCAD 2016 提供的"多点"命令可以一次绘制任意多个点，该命令有如下三种调用方法：

第一种方法：选择菜单栏中的"绘图"→"点"→"多点"命令。

第二种方法：单击"绘图"工具栏中的"点"按钮 。

第三种方法：单击"默认"选项卡"绘图"面板中的"多点"按钮 。

执行以上任意一种操作后，在绘图区中单击即可绘制多点，绘制完毕后按 Esc 键结束命令。

2.1.4 定数等分点

当需要把某个线段或曲线按一定的份数进行等分时。这一点在手工绘图中很难实现，但在 AutoCAD 中可以用相关命令轻松完成。"定数等分"命令主要有如下三种调用方法：

第一种方法：在命令行中输入"DIVIDE"命令。

第二种方法：选择菜单栏中的"绘图"→"点"→"定数等分"命令。

第三种方法：单击"默认"选项卡"绘图"面板中的"定数等分"按钮。

执行上述操作后，根据系统提示拾取要等分的对象，并输入等分数，创建等分点。如图 2-3（a）所示，AB 线段为绘制六等分点的图形。在等分点处，按当前点样画出等分点。在第二提示行选择"块（B）"选项时，表示在等分点处插入指定的块。

2.1.5 定距等分点

当需要把某个线段或曲线按给定的长度为单元进行等分时。在 AutoCAD 中，可以通过相关命令来完成。该命令主要有如下三种调用方法：

第一种方法：在命令行中输入"MEASURE"命令。

第二种方法：选择菜单栏中的"绘图"→"点"→"定距等分"命令。

第三种方法：单击"默认"选项卡"绘图"面板中的"定数等分"按钮。

执行上述操作后，根据系统提示选择要设置测量点的实体，并指定分段长度。如图 2-3（b）所示，CD 线段为绘制定距等分的图形。定距等分时设置的起点一般为指定线的绘制起点，最后一个测量段的长度不一定等于指定分段长度。

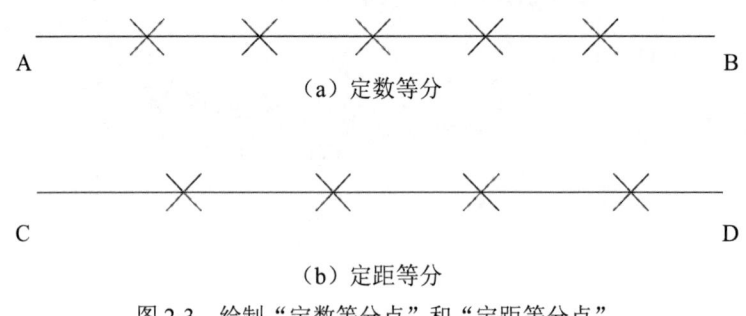

图 2-3　绘制"定数等分点"和"定距等分点"

2.2　绘制直线图形

2.2.1　绘制直线

直线是 AutoCAD 绘图中最简单、最基本的一种图形单元，连续的直线可以组成折线和图形，一条直线由起点和端点组成。执行"直线"命令，主要有如下四种调用方法：

第一种方法：在命令行中输入"LINE"或"L"命令。

第二种方法：选择菜单栏中的"绘图"→"直线"命令。

第三种方法：单击"默认"选项卡"绘图"面板中的"直线"按钮 /。

第四种方法：单击"绘图"工具栏中的"直线"按钮 /。

执行上述操作后，根据系统提示输入直线段的起点，用鼠标指定点或者给出点的坐标，再输入直线段的端点，也可以用鼠标指定一定角度后，直接输入直线的长度。在命令行提示下输入一直线段的端点。输入"U"表示放弃前面的输入；右击或按 Enter 键，结束命令。在命令行提示下输入下一直线段的端点，或输入"C"使图形闭合，结束命令。使用"直线"命令绘制直线时，命令行提示中选项含义如下：

若采用按 Enter 键响应"指定第一个点"提示，系统会把上次绘制图线的终点作为本次图线的起始点。在"指定下一个点"提示下，用户可以指定多个端点，从而绘出多条直线段。但每一段直线是一个独立的对象，可以进行单独的编辑操作。绘制两条以上直线段后，若采用输入"C"响应"指定下一点"提示，系统会自动连接起始点和最后一个端点，从而绘出封闭的图形。若采用输入"U"响应提示，则删除最近一次绘制的直线段。若设置正交方式，只能绘制水平线段或垂直线段。若设置动态数据输入方式，则可以动态输入坐标或长度值，效果与非动态数据输入方式类似。

【例 2-1】用直线命令绘制矩形，如图 2-4 所示，其步骤为：

命令：line

指定第一点：50，50（A 点，输入绝对直角坐标）

指定下一点或 [放弃（U）]：@200,0（B 点，输入相对直角坐标）

指定下一点或 [放弃（U）]：@0,150（C 点，输入相对直角坐标）

指定下一点或 [闭合（C）/ 放弃（U）]：@200<180（D 点，输入相对极坐标）

指定下一点或 [闭合（C）/ 放弃（U）]：C（Enter，结束）

图 2-4　用直线命令绘制的矩形

2.2.2 绘制射线和构造线

2.2.2.1 绘制射线

射线是由固定的出发点向无穷远发射的一条直线,一般用作绘图过程中的辅助线。绘制射线的命令是 ray,可以从给定点开始绘制一端无限长的射线。用户可以通过以下三种方法激活射线命令。

第一种方法:在命令行中输入"RAY"命令。

第二种方法:选择菜单栏中的"绘图"→"射线"命令。

第三种方法:单击"默认"选项卡"绘图"面板中的"射线"按钮 ↗。

执行射线命令后,根据系统提示输入起点和通过点,画出射线。在命令行提示下过起点画出另一射线,按 Enter 键结束命令。

2.2.2.2 绘制构造线

构造线就是无穷长度的直线,用于模拟手工作图中的辅助作图线。构造线的绘制方法有"指定点""水平""垂直""角度""二等分"和"偏移"6 种。各选项含义如下:

(1)"水平"绘制通过给定点且平行于 UCS 的 X 轴的参照线。

(2)"垂直"绘制通过给定点且平行于 UCS 的 Y 轴的参照线。

(3)"角度"绘制给定角度的参照线。

(4)"二等分"绘制通过给定点且平分由第二点、给定点和第三点所形成的夹角的参照线,其中给定点为夹角的顶点。

(5)"偏移"绘制与选定的对象平行且偏移指定的距离的参照线。

执行"构造线"命令,主要有如下四种调用方法:

第一种方法:在命令行中输入"XLINE"或"XL"命令。

第二种方法:选择菜单栏中的"绘图"→"构造线"命令。

第三种方法:单击"绘图"工具栏中的"构造线"按钮 ↗。

第四种方法:单击"默认"选项卡"绘图"面板中的"构造线"按钮 ↗。

执行上述操作后,根据系统提示指定起点和通过点,绘制一条双向无限长直线。在命令行提示"指定点或 [水平(H)/ 垂直(V)/ 角度(A)/ 二等分(B)/ 偏移(O)]:"后面,可以根据自己所需继续绘制构造线,最后按 Enter 键结束命令。

2.2.3 绘制多段线

多段线是一种由线段和圆弧组合而成的可以有不同线宽的多线。由于多段线组合形式多样,线宽可以变化,弥补了直线或圆弧功能的不足,适合绘制各种复杂的图形轮廓,因而得到了广泛的应用。

多段线是由直线或圆弧等多条线段构成的特殊线段,这些线段所构成的图形是一个整体,可以对其进行统一编辑。执行"多段线"命令,主要有如下四种调用方法:

第一种方法:在命令行中输入"PLINE"或"PL"命令。

第二种方法:选择菜单栏中的"绘图"→"多段线"命令。

第三种方法:单击"绘图"工具栏中的"多段线"按钮。

第四种方法:单击"默认"选项卡"绘图"面板中的"多段线"按钮。

执行上述操作后,根据系统提示指定多段线的起点和下一个点。此时,命令行提示中各选项的含义如下:

(1)圆弧(A):将绘制直线的方式转变为绘制圆弧的方式,这种绘制圆弧的方法与用 ARC 命令绘制圆弧方法类似。

(2)半宽(H):用于指定多段线的半宽值,AutoCAD 将提示输入多段线的起点半宽值与终点半宽值。

(3)长度(L):定义下一条多段线的长度,AutoCAD 将按照上一条直线的方向绘制这一条多段线。如果上一段是圆弧,则将绘制与此圆弧相切的直线。

(4)宽度(W):设置多段线的宽度值。

【例 2-2】利用多段线命令绘制箭头,如图 2-5 所示,其步骤为:

(1)单击"绘图"工具栏中的"多段线"按钮。

(2)在命令行提示"指定起点:"后输入"200,200"。

(3)在命令行提示"指定下一个点或 [圆弧(A)/半宽(H)/长度(L)/放弃(U)/宽度(W)]"后输入:"W"。

(4)在命令行提示"指定起点宽度 <0.0000>:"后输入"0"。

(5)在命令行提示"指定端点宽度 <0.0000>:"后输入"2"。

(6)在命令行提示"指定下一点或 [圆弧(A)/闭合(C)/半宽(H)/长度(L)/放弃(U)/宽度(W)]:"后输入"L"。

(7)指定直线长度:10。

(8)在命令行提示"指定下一点或 [圆弧(A)/闭合(C)/半宽(H)/长度(L)/放弃(U)/宽度(W)]:"后输入"W"。

(9)在命令行提示"指定起点宽度 <2.0000>:"后输入"0.3"。

(10)在命令行提示"指定端点宽度 <0.0000>:"后输入"0.3"。

(11)在命令行提示"指定下一点或 [圆弧(A)/闭合(C)/半宽(H)/长度(L)/放弃(U)/宽度(W)]:"后输入"L"。

(12)指定直线长度:10。

(13)Enter(结束)。

图 2-5 利用多段线命令绘制的箭头

【例2-3】利用多段线命令绘制带圆弧的图形，如图2-6所示，其步骤为：

（1）单击"绘图"工具栏中的"多段线"按钮 。

（2）在命令行提示"指定起点："后输入"100，100"。

（3）在命令行提示"指定下一个点或[圆弧（A）/半宽（H）/长度（L）/放弃（U）/宽度（W）]"后输入："@500,0"

（4）在命令行提示"指定下一个点或[圆弧（A）/半宽（H）/长度（L）/放弃（U）/宽度（W）]"后输入："A"

（5）在命令行提示"指定圆弧的端点（按住 Ctrl 键以切换方向）或[角度（A）/圆心（CE）/闭合（CL）/方向（D）/半宽（H）/直线（L）/半径（R）/第二个点（S）放弃（U）/宽度（W）]："后输入"@400<90"。

（6）在命令行提示"指定圆弧的端点（按住 Ctrl 键以切换方向）或[角度（A）/圆心（CE）/闭合（CL）/方向（D）/半宽（H）/直线（L）/半径（R）/第二个点（S）放弃（U）/宽度（W）]："后输入"L"。

（7）在命令行提示"指定下一个点或[圆弧（A）/半宽（H）/长度（L）/放弃（U）/宽度（W）]"后输入："@500<180"

（8）在命令行提示"指定下一个点或[圆弧（A）/半宽（H）/长度（L）/放弃（U）/宽度（W）]"后输入："A"

（9）在命令行提示"指定圆弧的端点（按住 Ctrl 键以切换方向）或[角度（A）/圆心（CE）/闭合（CL）/方向（D）/半宽（H）/直线（L）/半径（R）/第二个点（S）放弃（U）/宽度（W）]："后输入"CL"。

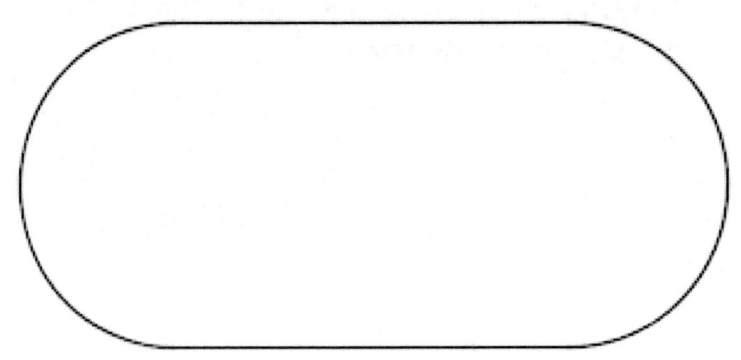

图2-6 利用多段线命令绘制带圆弧的图形

2.2.4 绘制矩形和正多边形

2.2.4.1 绘制矩形

矩形是最简单的封闭直线图形。利用 AutoCAD 画一个矩形，只需要指定它的两个对角点。绘制的时候，可以设置矩形边线的宽度、顶点处的倒角距离以及圆角的半径。执行

"矩形"命令，主要有如下四种方法：

第一种方法：在命令行中输入"RECTANG"或"REC"命令。

第二种方法：选择菜单栏中的"绘图"→"矩形"命令。

第三种方法：单击"绘图"工具栏中的"矩形"按钮▱。

第四种方法：单击"默认"选项卡"绘图"面板中的"矩形"按钮▱。

执行上述操作后，根据系统提示指定一角点，再指定另一角点，绘制矩形。在执行"矩形"命令时，命令行提示中各选项的含义如下：

第一个角点：通过指定两个对角角点（输入坐标或鼠标拾取均可）确定矩形，如图2-7（a）所示。

倒角（C）：指定倒角距离，绘制带倒角的矩形，如图2-7（b）所示。每一个角点的逆时针和顺时针方向的倒角可以相同，也可以不同，其中，第一个倒角距离是指角点处逆时针方向倒角距离，第二个倒角距离是指角点处顺时针方向倒角距离。

标高（E）：指定矩形标高（Z坐标），即把矩形放置在标高为Z并与XOY坐标面平行的平面上，且作为后续矩形的标高值。

圆角（F）：指定倒圆角半径，绘制带圆角的矩形，如图2-7（c）所示。

厚度（T）：指定矩形的厚度，如图2-7（d）所示。

宽度（W）：指定矩形的线宽，如图2-7（e）所示。

面积（A）：系统按指定面积或长和宽创建矩形。

尺寸（D）：使用长度和宽度创建矩形。

旋转（R）：使所绘制的矩形旋转一定角度。

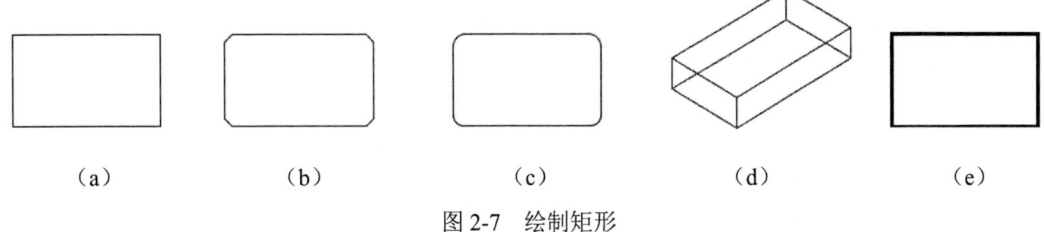

图 2-7　绘制矩形

2.2.4.2 绘制正多边形

正多边形是相对复杂的一种平面图形，利用 AutoCAD 可以绘制边数为 3～1024 的二维任意的正多边形。绘制正多边形，主要有如下三种方法：

第一种方法：在命令行中输入"POLYGON"或"POL"命令。

第二种方法：选择菜单栏中的"绘图"→"多边形"命令。

第三种方法：单击"绘图"工具栏中的"多边形"按钮⬠。

执行上述操作后，根据系统提示指定多边形的边数和中心点，之后指定是内接于圆或外切于圆，并输入内接圆或内切圆的半径。在执行正多边形命令的过程中，命令行提示中各选项的含义如下：

  边（E）：选择该选项，则只要指定多边形的一条边，系统就会按逆时针方向创建该正边形，如图 2-8（a）所示。

  内接于圆（I）：选择该选项，绘制的多边形将内接于圆，如图 2-8（b）所示。

  外切于圆（C）：选择该选项，绘制的多边形将外切于圆，如图 2-8（c）所示。

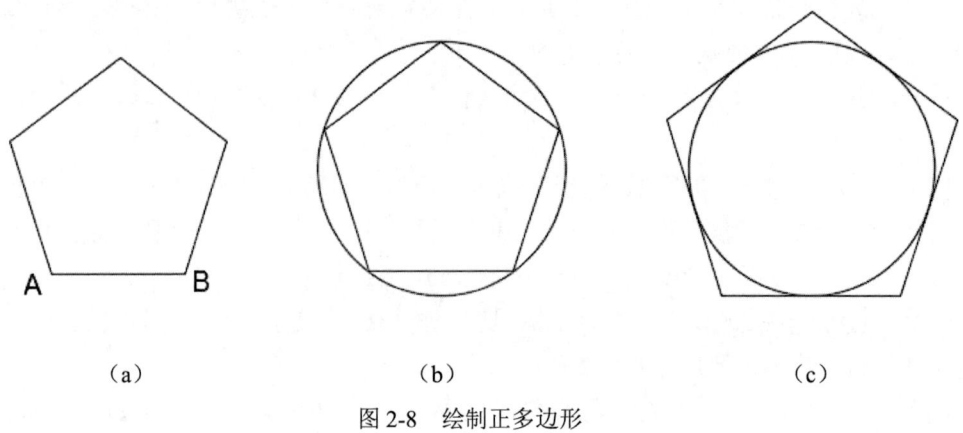

图 2-8 绘制正多边形

2.3 绘制曲线图形

2.3.1 绘制圆

  圆是最简单的封闭曲线，也是在绘制工程图形时经常用到的图形单元。在 AutoCAD 中绘制圆的方法共有六种，如图 2-9 所示。

  执行"圆"命令主要有以下四种调用方法：

  第一种方法：在命令行中输入"CIRCLE"或"C"命令。

  第二种方法：选择菜单栏中的"绘图"→"圆"命令。

  第三种方法：单击"绘图"工具栏中的"圆"按钮 ⊙。

  第四种方法：单击"默认"选项卡"绘图"面板中的"圆"按钮 ⊙。

  执行上述操作后，输入"3P"，根据系统提示指定一点或者输入一个点的坐标值。在命令行提示"指定圆上的第二个点："后指定一点或者输入一个点的坐标值。在命令行提示"指定圆上的第三个点："后指定一点或者输入一个点的坐标值。

  使用"圆"命令时，命令行提示中各选项的含义如下：

  相切、相切、半径（T）：该方法是通过先指定两个相切对象，再给出半径的方法绘制圆。如图 2-10（a）所示。

  选择菜单栏中的"绘图"→"圆"→"相切、相切、相切"命令，如图 2-10（b）所示。

第 2 章 二维图形的绘制

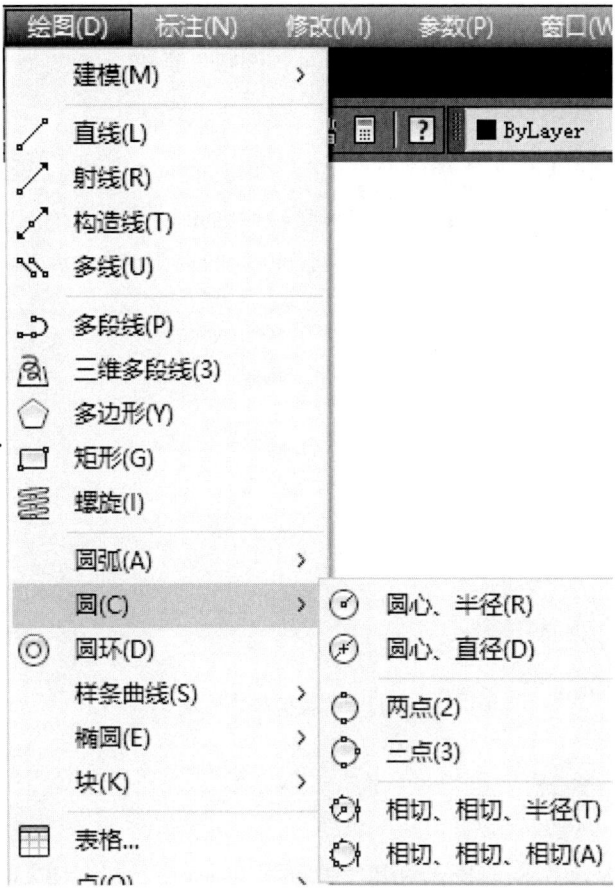

图 2-9 圆的绘制方法图

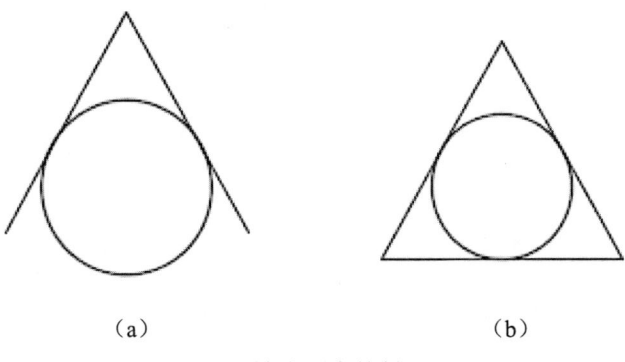

（a） （b）

2-10 用相切对象绘制圆

2.3.2 绘制圆弧

圆弧是圆的一部分。在工程制图中，圆弧的使用比圆更普遍。圆弧的绘制方法共有十一种，如图2-11所示为各种不同绘制方法的示意图。具体绘制方法和利用菜单栏中"绘图"→"圆弧"的子菜单提供的十一种绘制方式。执行"圆弧"命令，主要有如下四种调用方法：

第一种方法：在命令行中输入"ARC"或"A"命令。

第二种方法：选择菜单栏中的"绘图"→"圆弧"命令。

第三种方法：单击"绘图"工具栏中的"圆弧"按钮。

第四种方法：单击"默认"选项卡"绘图"面板中的"圆弧"按钮。

执行上述操作后，根据命令行提示按步骤操作即可绘制所需的圆弧。使用"继续"方式绘制的圆弧与上一线段圆弧相切。只需提供端点即可，如图2-11（k）所示。

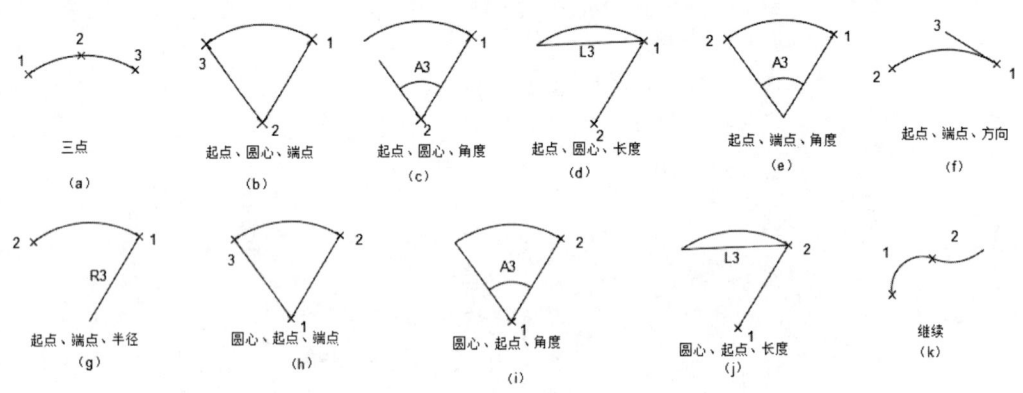

图 2-11 圆弧的绘制方法

2.3.3 绘制圆环

圆环可以看作是两个同心圆。利用"圆环"命令可以快速完成同心圆的绘制。执行"圆环"命令，主要有如下三种调用方法：

第一种方法：在命令行中输入"DONUT"命令。

第二种方法：选择菜单栏中的"绘图"→"圆环"命令。

第三种方法：单击"默认"选项卡"绘图"面板中的"圆环"按钮。

执行上述操作后，指定圆环内径和外径，再指定圆环的中心点。在命令行提示"指定圆环的中心或〈退出〉："后继续指定圆环的中心点，则继续绘制相同内外径的圆环，如图2-12（a）所示。按Enter键或鼠标右键结束命令。若指定内径为0，则画出实心填充圆。用FILL命令可以控制圆环是否填充，根据系统提示选择"开"表示填充，选择"关"表示不填充，如2-12（b）所示。

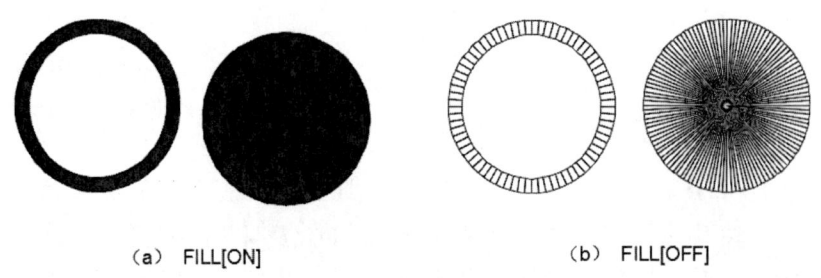

(a) FILL[ON]　　　　　　　(b) FILL[OFF]

图 2-12 圆环的绘制方法

2.3.4 绘制椭圆和椭圆弧

椭圆也是一种典型的封闭曲线图形，圆在某种意义上可以看成是椭圆的特例。执行"椭圆"命令，主要有如下四种调用方法：

第一种方法：在命令行中输入"ELLIPSE"或"EL"命令。
第二种方法：选择菜单栏中的"绘图"→"椭圆"命令。
第三种方法：单击"绘图"工具栏中的"椭圆"按钮⊙或"椭圆弧"按钮⊙。
第四种方法：单击"默认"选项卡"绘图"面板中的"椭圆"下拉按钮。

执行上述操作后，根据系统提示指定轴端点 1 和轴端点 2，如图 2-13（a）所示。在命令行提示"指定另一条半轴长度或 [旋转（R）]："后按 Enter 键。使用"椭圆"命令时，命令行提示中选项的含义如下：

指定椭圆的轴端点：根据两个端点定义椭圆的第一条轴，第一条轴的角度确定了整个椭圆的角度。第一条轴既可定义为椭圆的长轴，也可定义其短轴。

圆弧（A）：用于创建一段椭圆弧，与单击"绘图"工具栏中的"椭圆弧"按钮⊙功能相同。其中，第一条轴确定了椭圆弧的角度。第一条轴既可定义为椭圆弧长轴，也可定义其短轴。

执行该命令后，根据系统提示输入"A"，之后指定端点或输入"C"并指定另一端点。在命令行提示下指定另一条半轴长度或输入"R"，并指定起始角度、指定适当点或输入"P"。在命令行提示"指定端点角度或 [参数（P）/ 夹角（I）]："后指定适当点。其中各选项含义如下：

起始角度：指定椭圆弧端点的两种方式之一，光标与椭圆中心点连线的夹角为椭圆端点位置的角度，如图 2-13（b）所示。

参数（P）：指定椭圆弧端点的另一种方式，该方式同样是指定椭圆弧端点的角度，但通过以下矢量参数方程式创建椭圆弧：p（u）= c+ a×cos（u）+ b×sin（u）。其中，c是椭圆的中心点，a 和 b 分别是椭圆的长轴和短轴，u 为光标与椭圆中心点连线的夹角。

夹角（I）：定义从起始角度开始的包含角度。
中心点（C）：通过指定的中心点创建椭圆。

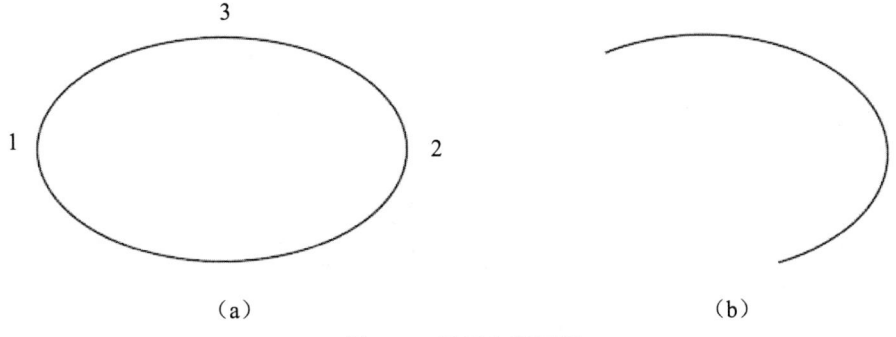

图 2-13 椭圆和椭圆弧

旋转（R）：通过绕第一条轴旋转圆来创建椭圆。相当于将一个圆绕椭圆轴旋转一个角度后的投影视图。

2.4　绘制特殊线

2.4.1　绘制和编辑多线

多线是一种复合线，由连续的直线段复合组成。多线的突出优点就是能够大大提高绘图效率，保证图线之间的统一性。

2.4.1.1　定义多线样式

绘制多线时，首先应对多线的样式进行设置，其中包括多线的数量以及每条线之间的偏移距离等。设置多线样式主要有如下两种调用方法：

第一种方法：在命令行中输入"MLSTYLE"命令。

第二种方法：选择菜单栏中的"格式"→"多线样式"命令。

执行上述操作后，系统打开如图 2-14 所示的"多线样式"对话框。在该对话框中，可以对多线样式进行定义、保存和加载等操作。单击"新建"按钮，输入名称后系统打开"新建多线样式"对话框，如图 2-15 所示。设置多线样式的参数时，"新建多线样式"对话框中各选项含义如下：

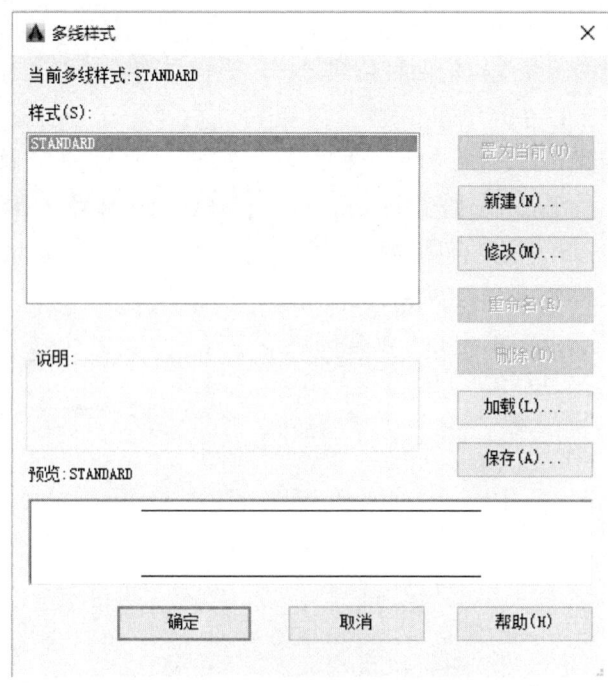

图 2-14　"多线样式"对话框

"封口"选项组：设置多线平行线段之间两端封口的样式，可以分别设置起点和端点的样式。"直线"复选框组，表示多线端点由垂直于多线的直线进行封口；"外弧"复选框组，表示多线的最外端元素之间的圆弧；"内弧"复选框组，表示成对的内部元素之间的圆弧；"角度"文本框，用于设置多线封口处的角度。

"填充"选项组：设置封闭多线内的填充颜色，选择"无"表示使用透明的颜色填充。

"显示连接"复选框：显示或隐藏每条多线线段顶点处的连接。

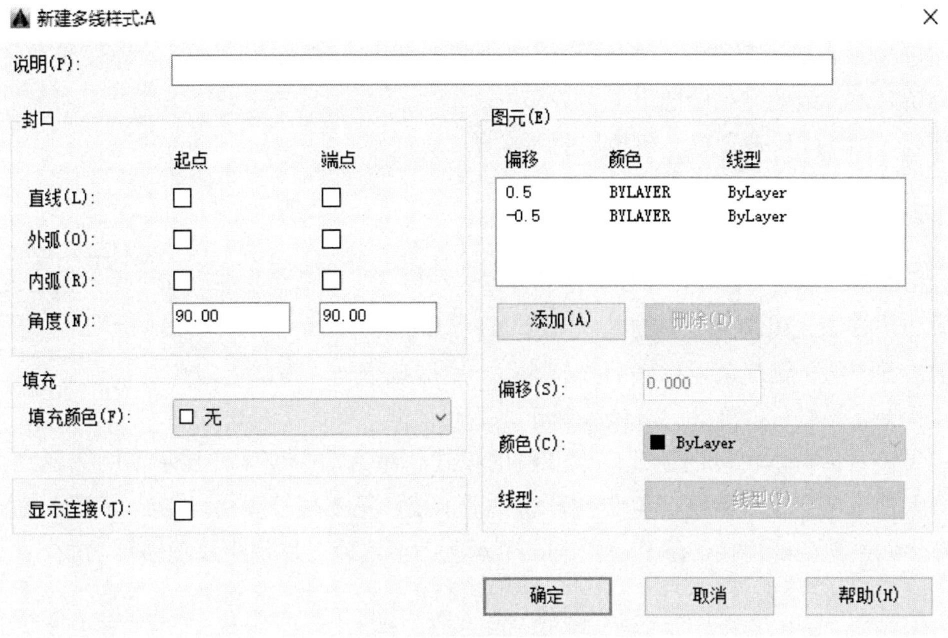

图 2-15 "新建多线样式"对话框

"图元"选项组：构成多线的每一条直线，可以通过添加或删除来确定多线图元的个数，并设置相应的偏移量、颜色及线型。其含义分别介绍如下：

"添加"按钮：单击该按钮，可以添加一个图元，然后再对该图元的偏移量等进行设置。

"删除"按钮：在图元列表中选择任一图元，单击该按钮，即可删除选中的图元。

"偏移"文本框：设置多线元素从中线的偏移值，值为正表示向上偏移，值为负表示向下偏移。

"颜色"下拉列表框：设置组成多线元素的线条颜色。

"线型"文本框：设置组成多线元素的线条线型。

2.4.1.2 绘制多线

新建多线样式后，即可将新建的多线样式置为当前，并绘制该样式的多线。执行"多线"命令，主要有如下两种调用方法：

第一种方法：在命令行中输入"MLINE"或"ML"命令。

第二种方法：选择菜单栏中的"绘图"→"多线"命令。

执行上述操作后，根据系统提示指定起点和下一点。在命令提示下继续指定下一点绘制线段；输入"U"，则放弃前一段多线的绘制；右击或按 Enter 键，结束命令。在命令行提示下继续指定下一点绘制线段；输入"C"，则闭合线段，结束命令。在执行"多线"命令的过程中，命令行提示中各主要选项的含义如下：

对正（J）：该选项用于指定绘制多线的基准。共有"上""无"和"下"3 种对正类型。其中，"上"表示以多线上侧的线为基准，其他两项依此类推。

比例（S）：选择该选项，要求设置平行线的间距。输入值为 0 时，平行线重合；输入值为负时，多线的排列倒置。

样式（ST）：用于设置当前使用的多线样式。

2.4.1.3　编辑多线

利用"多线编辑"命令，可以创建和修改多线样式。该命令主要有如下两种调用方法：

第一种方法：在命令行中输入"MLEDIT"命令。

第二种方法：选择菜单栏中的"修改"→"对象"→"多线"命令。

执行上述操作后，打开"多线编辑工具"对话框，如图 2-16 所示。

利用该对话框，可以创建或修改多线的模式。对话框中分 4 列显示示例图形。其中，第 1 列管理十字交叉形多线，第 2 列管理 T 形多线，第 3 列管理拐角结合点和节点，第 4 列管理多线被剪切或连接的形式。单击某个示例图形，就可以调用该项编辑功能。

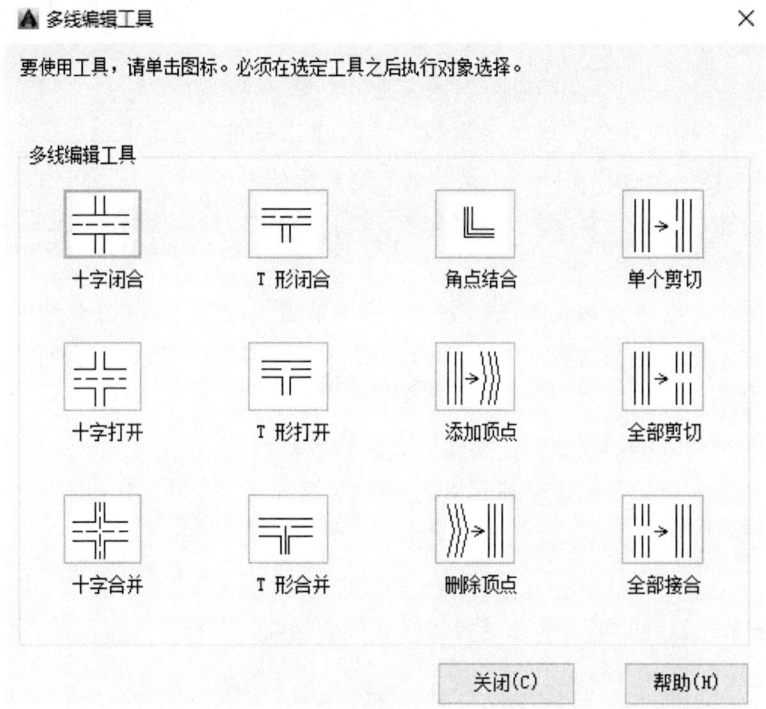

图 2-16　"多线编辑工具"对话框

2.4.2 绘制和编辑样条曲线

在 AutoCAD 中使用的样条曲线为非一致有理 B 样条（NURBS）曲线，使用样条曲线能够在控制点之间产生一条光滑的曲线，样条曲线可用于绘制形状不规则的图形，如地形图中的等高线。

2.4.2.1 绘制样条曲线

使用样条曲线可生成拟合光滑曲线，可以通过起点、控制点、终点及偏差变量来控制曲线，这种类型的曲线用于绘制不规则的变半径曲线，如地形的轮廓线。如图 2-17 所示。执行"样条曲线"命令，主要有如下四种调用方法：

第一种方法：在命令行中输入"SPLINE"或"SPL"命令。
第二种方法：选择菜单栏中的"绘图"→"样条曲线"命令。
第三种方法：单击"绘图"工具栏中的"样条曲线"按钮 。

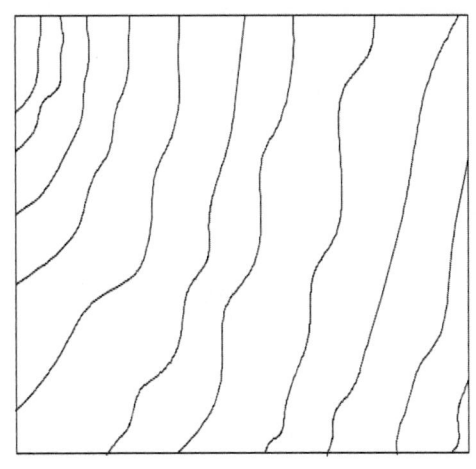

图 2-17 用样条曲线表示地形轮廓

第四种方法：单击"默认"选项卡"绘图"面板中的"样条曲线拟合"按钮 或"样条曲线控制点"按钮 。

执行上述操作后，根据系统提示指定一点或选择"对象（O）"选项。在命令行提示下指定一点，在绘图区依次指定所需位置的点，即可创建出样条曲线。绘制样条曲线的过程中，各选项的含义如下。

方式（M）：控制是使用拟合点还是使用控制点来创建样条曲线。如图 2-18（a）所示是使用拟合点创建样条曲线，如图 2-18（b）所示是使用控制点创建样条曲线。

节点（K）：指定节点参数化，会影响曲线在通过拟合点时的形状。

对象（O）：将二维或三维的二次或三次样条曲线拟合多段线转换为等价的样条曲线。

起点切向（T）：定义样条曲线的第一点和最后一点的切向。

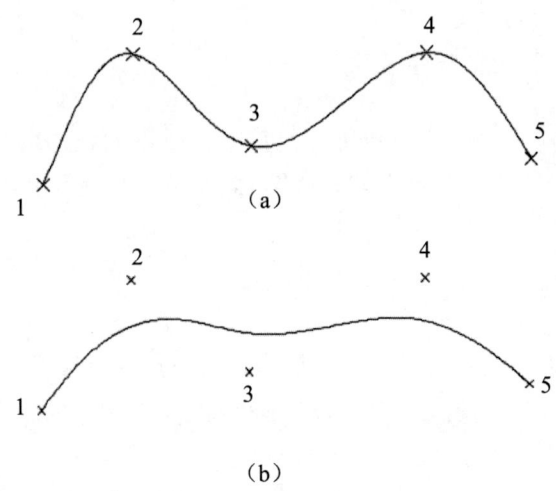

图 2-18 样条曲线的绘制

端点相切（T）：停止基于切向创建曲线。可通过指定拟合点继续创建样条曲线。

公差（L）：指定距样条曲线必须经过的指定拟合点的距离。公差应用于除起点和端点外的所有拟合点。

闭合（C）：将最后一点定义为与第一点一致，并使其在连接处相切，以闭合样条曲线。

2.4.2.2 绘制样条编辑

用户可以通过编辑样条曲线命令来对由"多段线"命令绘制的样条曲线进行编辑。使用 SPLINEDIT 命令或夹点操作可以很方便地编辑样条曲线，并保留样条曲线定义，如果使用 PEDIT 命令编辑就会丢失这些定义，成为平滑多段线。编辑命令主要有如下两种调用方法：

第一种方法：在命令行中输入"SPLINEDIT"命令。

第二种方法：选择菜单栏中的"修改"→"对象"→"样条曲线"命令。

执行上述操作后，系统会提示选择要修改的样条曲线。选择要修改的样条曲线后，命令行出现的选项含义如下：

闭合（C）：将开放样条曲线修改为连续闭合的环。

合并（J）：将两条或多条样条曲线合并为一条整体样条曲线。

拟合数据（F）：编辑定义样条曲线的拟合数据。

编辑顶点（E）：可以添加、删除、移动样条曲线拟合的顶点，并可改变控制点权值和提高样条曲线阶数来优化样条曲线。

转换为多段线（P）：将样条曲线转换为多段线。

反转（R）：反转样条曲线的方向。

放弃（U）：取消上一次编辑操作。

退出（X）：结束样条曲线的编辑。

2.5 图案填充

2.5.1 创建面域

面域是具有边界的平面区域，内部可以包含孔。在 AutoCAD 中，用户可以将由某些对象围成的封闭区域转变为面域，这些封闭区域可以是圆、椭圆、封闭二维多段线和封闭的样条曲线等对象，也可以是由圆弧、直线、二维多段线和样条曲线等对象构成的封闭区域。执行"面域"命令，主要有如下四种方法：

第一种方法：在命令行中输入"REGION"命令。
第二种方法：选择菜单栏中的"绘图"→"面域"命令。
第三种方法：单击"绘图"工具栏中的"面域"按钮 ◎。
第四种方法：单击"默认"选项卡"绘图"面板中的"面域"按钮 ◎。

执行上述操作后，根据系统提示选择对象，系统自动将所选择的对象转换成面域。

对于具有面域的图形可以进行布尔运算，它是数学上的一种逻辑运算，在 AutoCAD 绘图中，能够极大地提高绘图的效率。通常的布尔运算包括并集、交集和差集三种，操作方法类似。执行该命令主要有如下四种方法：

第一种方法：在命令行中输入"UNION"（并集）或"INTERSECT"（交集）或"SUBTRACT"（差集）命令。
第二种方法：选择"修改"→"实体编辑"→"并集（交集、差集）"命令。
第三种方法：单击"实体编辑"工具栏中的"并集"按钮 ⓪（进行交集和差集则单击"交集"按钮 ⓪、"差集"按钮 ⓪），执行"并集（交集）"命令后，根据系统提示选择对象，系统对所选择的面域做并集（交集）计算。
第四种方法：单击"三维工具"选项卡"实体编辑"面板中的"并集"按钮 ⓪、"交集"按钮 ⓪"差集"按钮 ⓪。

执行"差集"命令后，根据系统提示选择差集运算的主体对象，右击后选择差集运算的参照体对象，系统对所选择的面域做差集计算。运算逻辑是主体对象减去与参照体对象重叠的部分。布尔运算的结果如图 2-19 所示。

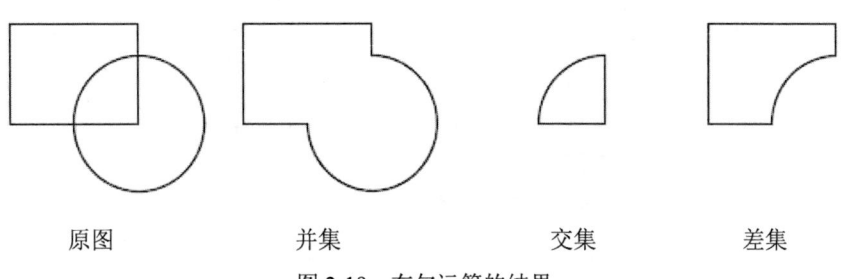

原图　　　　　并集　　　　　交集　　　　　差集

图 2-19　布尔运算的结果

2.5.2 图案填充

AutoCAD 可以对封闭区域进行图案填充。当指定图案填充边界时，可在闭合区域中任意选择一点，由 AutoCAD 自动搜索闭合边界，或通过选择对象来定义边界。在 AutoCAD 2016 中，可以对图形进行图案填充，图案填充是在"图案填充和渐变色"对话框中进行的。打开"图案填充和渐变色"对话框，主要有如下四种方法：

第一种方法：在命令行中输入"BHATCH"命令。
第二种方法：选择菜单栏中的"绘图"→"图案填充"命令。
第三种方法：单击"绘图"工具栏中的"图案填充"按钮。
第四种方法：单击"默认"选项卡"绘图"面板中的"图案填充"按钮。

执行上述操作后，系统打开如图 2-20 所示的"图案填充创建"选项卡，各参数的含义如下。

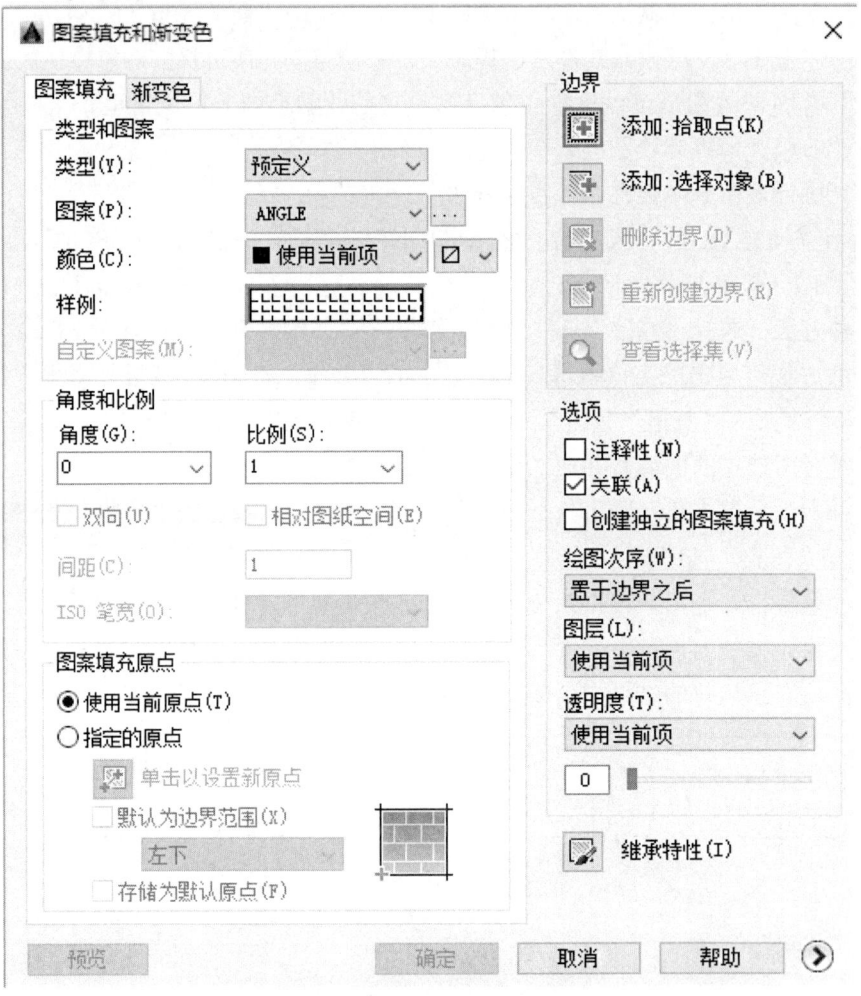

图 2-20 "图案填充创建"选项卡

"边界"面板内容有：

拾取点：通过选择由一个或多个对象形成的封闭区域内的点确定图案填充边界，如图 2-21 所示。指定内部点时，可以随时在绘图区域中右击以显示包含多个选项的快捷菜单。

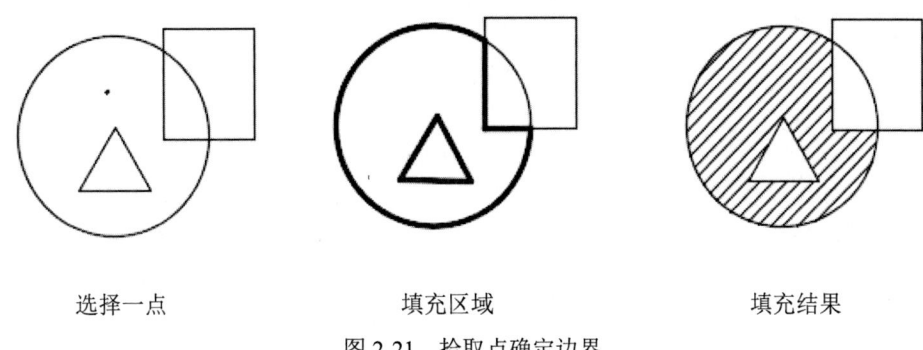

选择一点　　　　　　　　填充区域　　　　　　　　填充结果

图 2-21　拾取点确定边界

选择边界对象：指定基于选定对象的图案填充边界。使用该选项时，不会自动检测内部对象，必须选择选定边界内的对象，以按照当前孤岛检测样式填充这些对象，如图 2-22 所示。

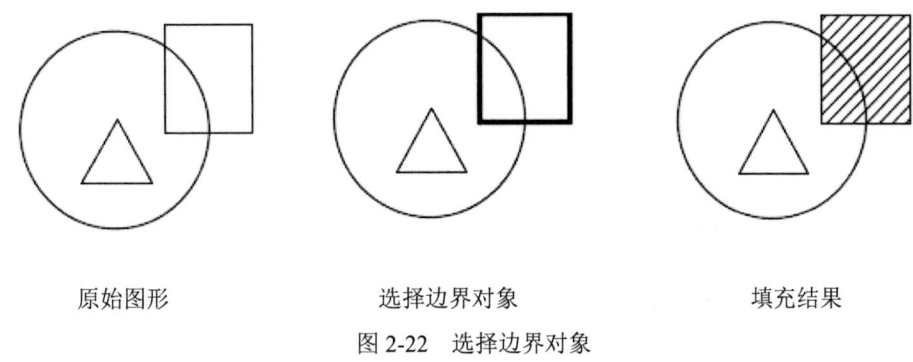

原始图形　　　　　　　　选择边界对象　　　　　　填充结果

图 2-22　选择边界对象

删除边界对象：从边界定义中删除之前添加的任何对象，如图 2-23 所示。

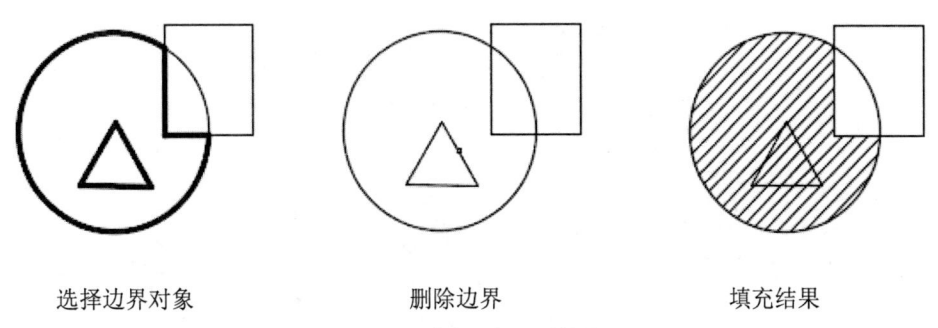

选择边界对象　　　　　　删除边界　　　　　　　　填充结果

图 2-23　删除"岛"后的边界

重新创建边界：围绕选定的图案填充或填充对象创建多段线或面域，并使其与图案填充对象相关联。

　　类型和图案：设置图案类型包括三种。选择"预定义"时，可使用已定义在Acad.pat文件中的图案，即AutoCAD 2016提供的图案进行填充；选择"用户定义"时，可使用当前线型定义的图案，该图案由一组平行线或相互垂直的两组平行线组成；选择"自定义"时，可以使用定义在其他PAT文件中的图案。当选择"预定义"填充图案类型进行填充时，"图案"下拉列表框用于确定具体的填充图案。用户既可以从"图案"下拉列表框中进行选择，也可以单击后面的 … 按钮，从弹出的"填充图案选项板"对话框中进行选择，如图2-24所示。该对话框中有四个选项卡：ANSI、ISO、其他预定义、自定义，可从其中选择任一种预定义图案。每一个选项卡显示不同的图案样式，选择其中的一个图标，单击"确定"按钮或双击该图标，可将选中的图案样式显示在"样例"栏中。

　　角度和比例：角度是用于指定填充图案的旋转角度。每种图案在定义时的旋转角度为零。用户既可在"角度"文本框内输入图案填充时要旋转的角度，也可以从该下拉框中进行选择。比例是用于确定填充图案时的图案比例，每种图案在定义时的初始比例为1。若比例值大于1，则放大填充图案；若比例值小于1，则图案将比原始定义的图案小。

　　双向：对于用户定义的图案，将绘制第二组直线，这些直线与原来的直线成90度角，从而构成交叉线。只有在"图案填充"选项卡上将"类型"设置为"用户定义"时，此选项才可用。

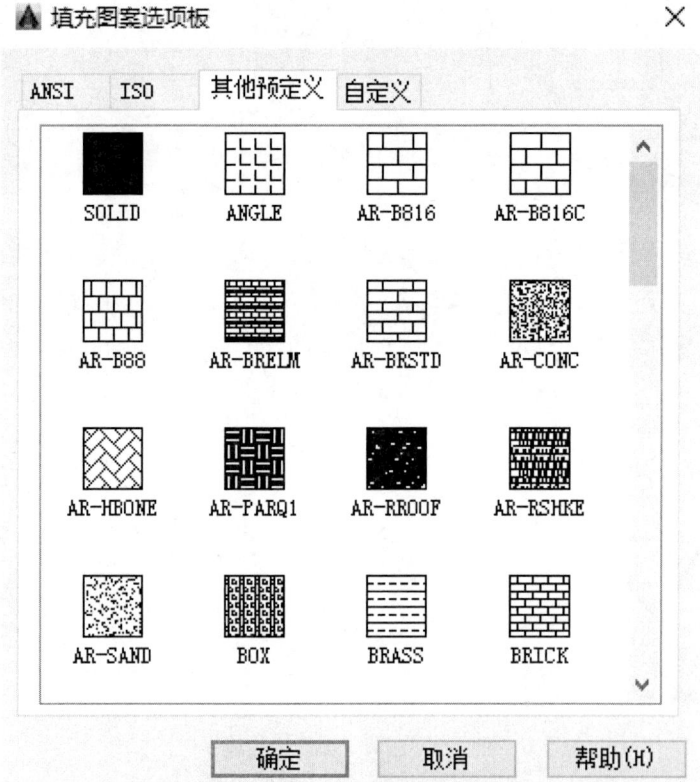

图2-24　"填充图案选项板"对话框

相对图纸空间：用于检查填充图案相对于图纸空间是否成比例。使用此选项，可以很容易做到以适合于布局的比例显示填充图案。该选项仅适用于布局空间。

间距：用于确定用户定义图案中的直线间距。只有将"类型"设置为"用户定义"时，此选项才可用。

ISO 笔宽：用于设置笔的宽度。只有将"类型"设置为"预定义"，并将"图案"设置为可用的 ISO 图案的一种，此选项才可用。

图案填充原点：用于控制填充图案生成的起始位置。某些图案填充（例如砖块图案）需要与图案填充边界上的一点对齐。默认情况下，所有图案填充原点都对应于当前的 UCS 原点。

注释性：指定图案填充为注释性。此特性会自动完成缩放注释过程，从而使注释能够以正确的大小在图纸上打印或显示。

关联：控制图案填充和填充边界的关联。关联的图案填充在用户修改其边界时将更新。

创建独立的图案填充：控制当指定了几个独立的闭合边界时，是创建单个图案填充对象，还是创建多个图案填充对象。

继承特性：选用已有的填充图案作为当前填充图案。在选定图案填充要继承其特性的图案填充对象之后，可以在绘图区域中单击鼠标右键，并使用快捷菜单在"选择对象"和"拾取内部点"选项之间进行切换以创建边界。

预览：当确定填充边界和填充图案后，单击"预览"按钮，AutoCAD 会临时切换到绘图屏幕，按当前的填充设置进行预填充，此时，用户可以单击图形或按 ESC 键返回"图案填充和渐变色"对话框进行修改，也可以单击鼠标右键或按 Enter 键接受该图案填充。

在 AutoCAD 中可以通过以下方法启动渐变色填充的命令：

第一种方法：在命令行中输入"HATCH"命令。

第二种方法：选择菜单栏中的"绘图"→"渐变色"命令。

执行上述操作后，系统打开如图 2-25 所示的"图案填充和渐变色"对话框，

利用该对话框，可以使用一种或两种颜色形成的渐变色来填充图形，填充过程和图案填充相同。各选项的功能如下：

颜色：可以选择单色或双色产生的渐变色来填充图形。

方向：可以选择居中指定对称的渐变配置。如果没有选定此选项，渐变填充将朝左上方变化，创建光源在对象左边的图案。

角度：指定渐变填充的角度。相对当前 UCS 指定角度。此选项与指定给图案填充的角度互不影响。

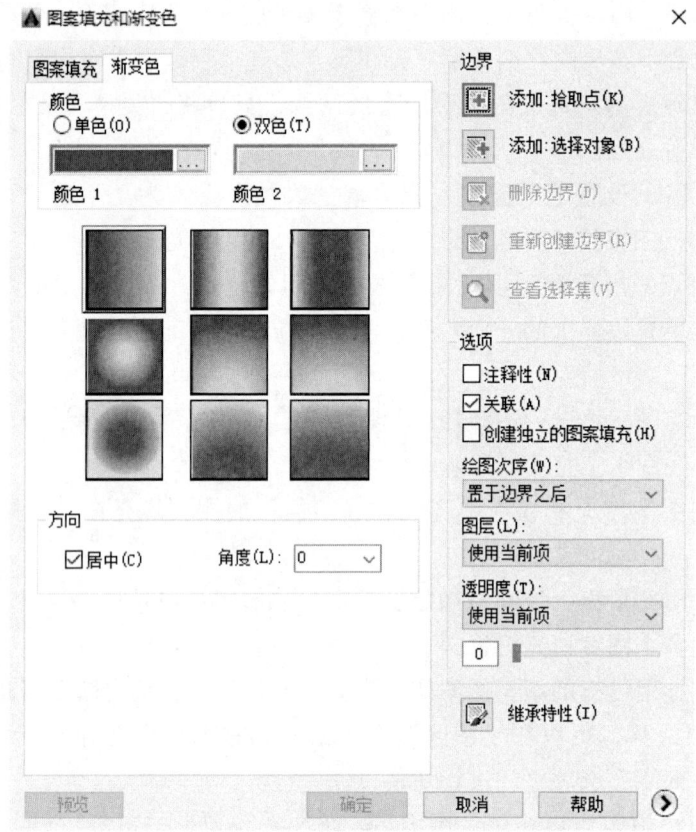

图 2-25 "图案填充和渐变色"对话框

2.5.3 编辑填充的图案

在对图形对象以图案进行填充后，还可以对填充图案进行编辑操作，如更改填充图案的类型、比例等。更改图案填充，主要有以下六种方法：

第一种方法：在命令行中输入"HATCHEDIT"命令。
第二种方法：选择菜单栏中的"修改"→"对象"→"图案填充"命令。
第三种方法：单击"修改Ⅱ"工具栏中的"编辑图案填充"按钮。
第四种方法：单击"默认"选项卡"修改"面板中的"编辑图案填充"按钮。
第五种方法：选中填充的图案右击，在弹出的快捷菜单中选择"图案填充编辑"命令。
第六种方法：直接选择填充的图案，打开"图案填充编辑器"选项卡。

执行上述操作后，根据系统提示选取关联填充物体后，系统弹出如图 2-26 所示的"图案填充编辑器"选项卡。

在图 2-26 中，只有正常显示的选项才可以对其进行操作。该面板中各项的含义与图 2-20 所示的"图案填充创建"选项卡中各项的含义相同。利用该面板，可以对已弹出印的图案进行一系列的编辑修改。

图 2-26 "图案填充编辑"对话框

思考练习题

1. 若需要编辑已知多段线，使用"多段线"命令的（　　）选项可以创建宽度不等的对象。

A. 样条（S）　　　　　　　　B. 锥形（T）

C. 宽度（W）　　　　　　　　D. 编辑顶点（E）

2. 重复使用刚执行的命令，按（　　）键。

A. Ctrl　　　　　　　　　　B. Alt

C. Enter　　　　　　　　　　D. Shift

3. 在一次命令执行的过程中，可以重复进行同样对象绘制的命令是（　　）。

A. ELLIPSE 椭圆　　　　　　B. POLYGON 正多边形

C. DONUT 圆环　　　　　　　D. SPLINE 样条曲线

4. 以下命令中，（　　）能沿着对象放置点并创建等分线段。

A. mesure　　　　　　　　　B. point

C. divide　　　　　　　　　D. split

5. 在 AutoCAD2016 中，绘制圆弧共有（　　）种方法。
A. 6　　　　　　　　　　　　B. 8
C. 10　　　　　　　　　　　 D. 11

6. 使用 Rectangle 绘出的矩形与使用 line 绘出的矩形有何区别？

7. 阐述预定义和自定义填充图案的区别。

8. 填充图案的角度和比例如何设置？

上机训练

1. 请根据如图 2-27 所示中的标注的尺寸选择"多段线"命令绘制图形。

训练目的：掌握坐标系的设置和点坐标的输入方法。计算好各点的坐标，选择正确的点坐标输入方式。

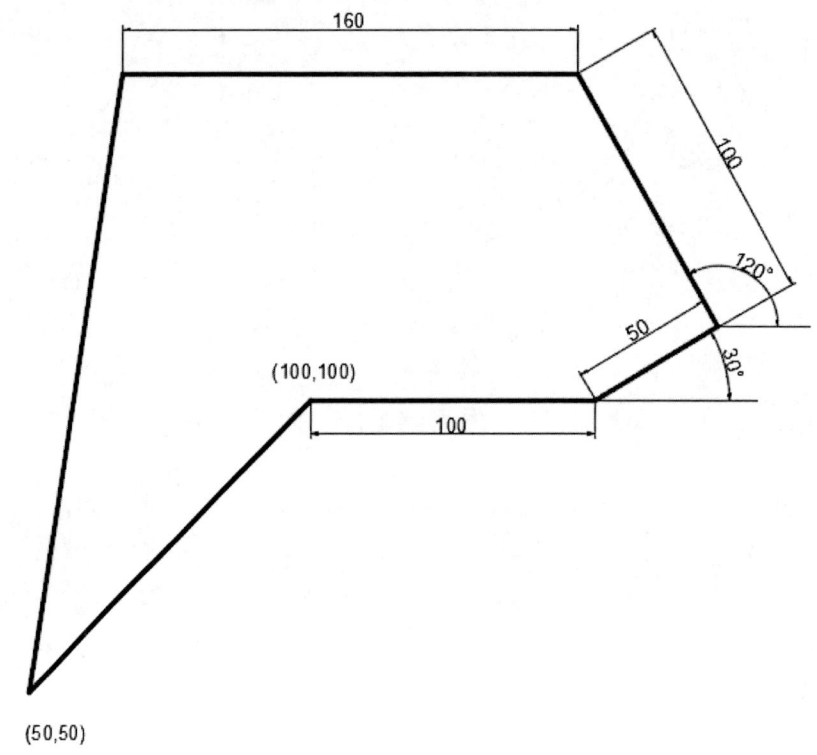

图 2-27　图案绘制训练 1

2. 绘制如图 2-28 所示门和墙的符号。

训练目的：绘制图形时涉及的命令主要是"直线"。门洞口宽 900，墙宽 240，长度自定。灵活掌握线段的绘制和图案填充的方法。

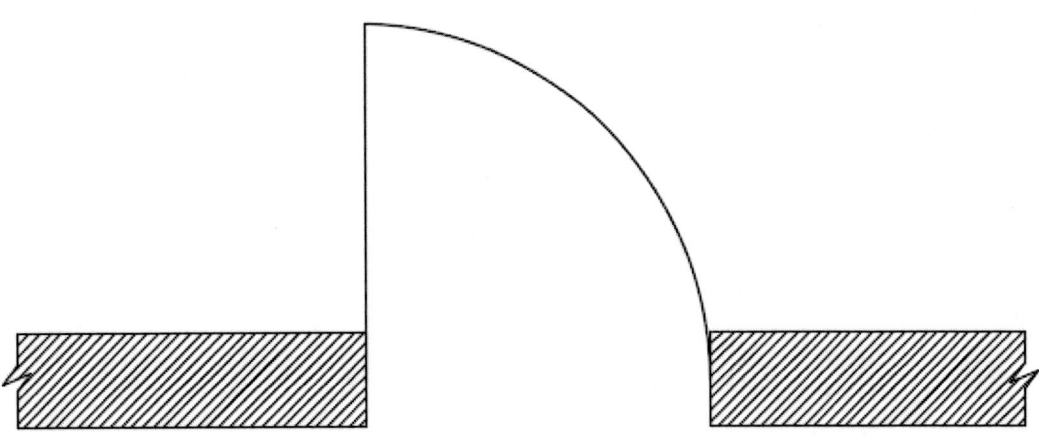

图 2-28　图案绘制训练 2

第3章　二维图形的编辑

教学过程设计与建议

课程内容	3.1　选择对象 3.2　复制类编辑命令 3.3　改变几何特性类命令 3.4　删除与恢复类命令
任务设计	先使用一些简单的图形介绍移动、复制、粘贴、偏移、剪切、阵列、打断、延伸等编辑命令的操作方法，最后绘制一个较复杂的几何图形，综合运用各种编辑命令，在演示中就二维图形的编辑方法和运用技巧进行讲解。
知识目标	掌握选择图形对象的方式；掌握和理解复制、镜像、偏移、移动、阵列、延伸和修剪、旋转、缩放、倒角、拉伸、打断、合并、分解等编辑命令。了解用夹点功能进行快速编辑的方法。
能力目标	能够运用AutoCAD中各种图形编辑命令进行图形编辑；能够应用编辑修改工具对基本图形做修改或位置移动，从而达到可以绘制复杂图形和较强绘图的能力。
教学重点	图形对象的选择方式、图形的位置移动方式和复制修改的方法。
教学难点	对象选择集的构造，阵列和旋转编辑命令的理解与掌握。
授课形式建议	教师演示与学生练习相结合。
教学过程设计	教师演示：基本图形的绘制→对象的选择→对象的复制类编辑→对象的修改编辑→图形对象的删除与恢复。
技能训练	学生练习：指定训练的样图→基本图形的绘制→对象的选择→对象的复制与移动→对象的修改→图形的删除与恢复→文件保存。
考核标准	绘制一个由简单图形组合的复杂图形，综合运用各种编辑才能得以完成，要求学生在机房现场绘图，根据学生绘图的速度和正确率计入平时考核成绩。

3.1 选择对象

选择对象是进行编辑的前提。AutoCAD 提供了多种对象选择方法，如点取方法、用选择窗口选择对象、用选择线选择对象、用对话框选择对象等。

AutoCAD 可以把选择的多个对象组成整体，如选择集和对象组，进行整体编辑与修改，AutoCAD 提供两种执行效果相同的途径编辑图形：第一种是先执行编辑命令，然后选择要编辑的对象；第二种是先选择要编辑的对象，然后执行编辑命令。

3.1.1 选择对象的方法

3.1.1.1 点选

点选表示直接通过鼠标点取的方式选择对象。这是较常用也是系统默认的一种对象选择方法。用鼠标或键盘移动拾取框，使其框住要选取的对象，然后单击，就会选中该对象并高亮显示。如要选择多个对象，可以依次用鼠标点击拾取要选择的对象，则点击到的对象都被选中。

3.1.1.2 窗口选择（W）

矩形窗口选取是用由两个对角顶点确定的矩形窗口选取位于其范围内部的所有图形，与边界相交的对象不会被选中。指定对角顶点时应该按照从左向右的顺序。在"选择对象："提示下，输入"W"，按 Enter 键，选择该选项后，输入矩形窗口的第一个对角点的位置和另一个对角点的位置。指定两个对角顶点后，位于矩形窗口内部的所有图形被选中，并高亮显示，如图 3-1 所示。

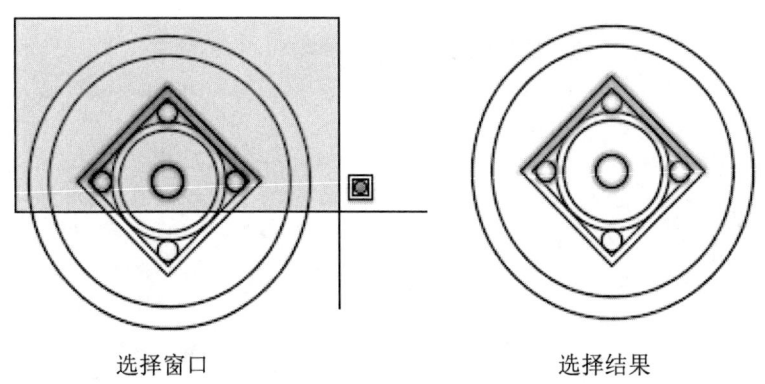

选择窗口　　　　　　　　　　选择结果

图 3-1 "窗口方式"选择对象

3.1.1.3 窗交选择（C）

交叉窗口选择方式与矩形窗口选择方式类似，区别在于不但能选择矩形窗口内部的对象，也能选中与矩形窗口边界相交的对象。在"选择对象："提示下输入"C"，按 Enter 键，选择该选项后，输入矩形窗口的第一个对角点的位置和另一个对角点的位置。选择的对象如图 3-2 所示。

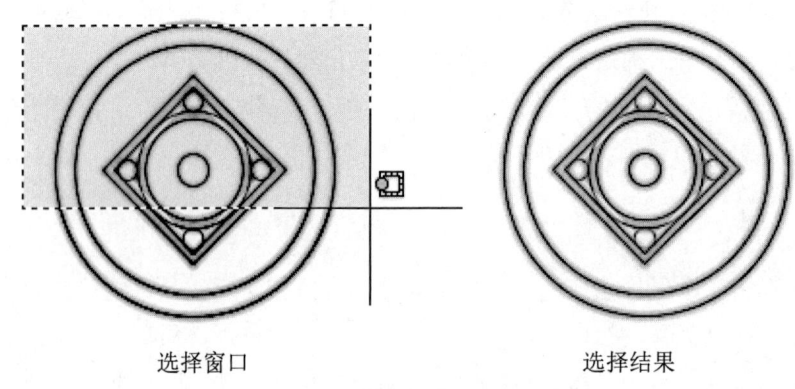

图 3-2 "窗交方式"选择对象

3.1.1.4 圈围选择（WP）

圈围选择是使用一个不规则的多边形来选择对象。在"选择对象："提示下输入"WP"，选择该选项后，根据提示，用户顺次输入构成多边形所有顶点的坐标，直到最后按 Enter 键结束操作，系统将自动连接第一个顶点与最后一个顶点形成封闭的多边形。若输入"U"，取消刚才定义的坐标点并且重新指定。凡是被多边形围住的对象均被选中（不包括边界）。选择结果如图 3-3 所示。

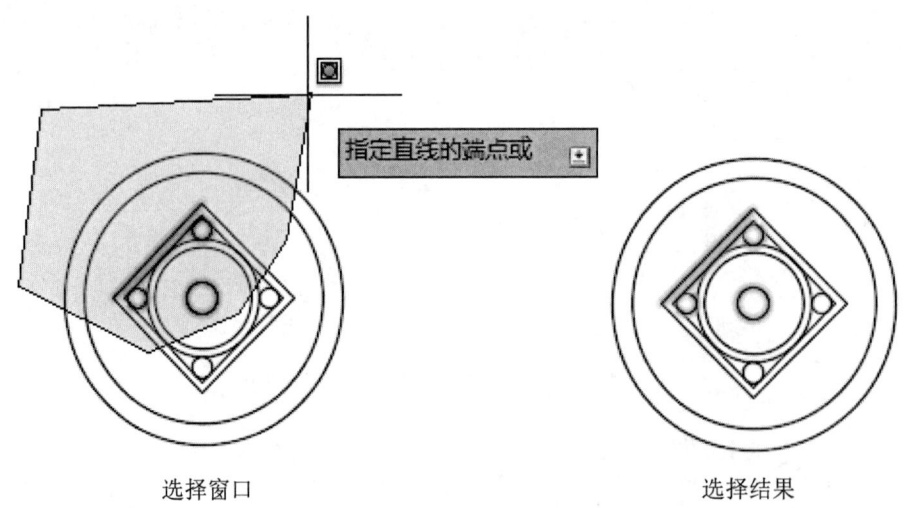

图 3-3 "圈围方式"选择对象

3.1.1.5 圈交选择（CP）

圈交选择类似于"圈围"方式，在提示后输入"CP"，后续操作与 WP 方式相同，区别在于与多边形边界相交的对象也被选中，如图 3-4 所示。

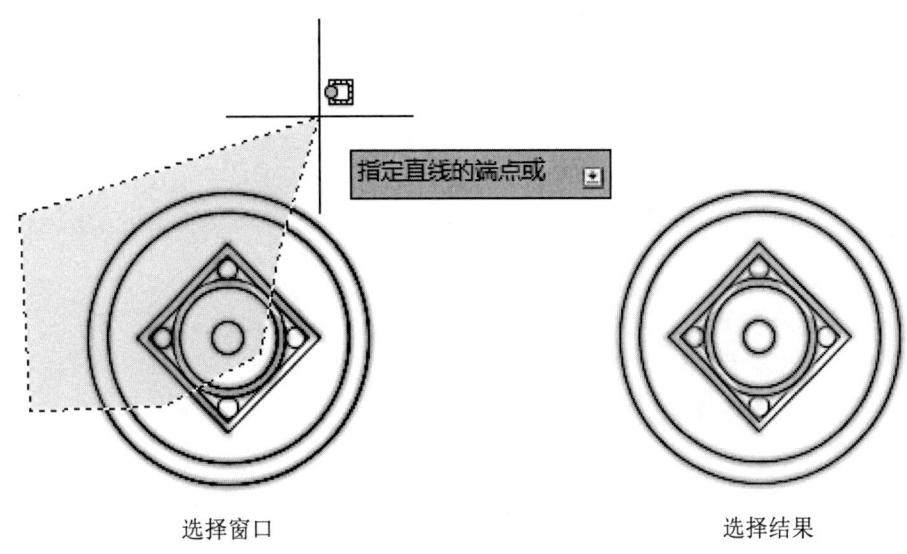

图 3-4 "圈交方式"选择对象

3.1.1.6 栏选方式（F）

该选择方式是绘制一些直线，这些直线不必构成封闭图形，凡是与这些直线相交的对象均被选中。在"选择对象："提示下输入"F"按 Enter 键，选择该选项后，选择指定交线的第一点、第二点和下一条交线的端点。选择完毕，按 Enter 键结束，结果如图 3-5 所示。

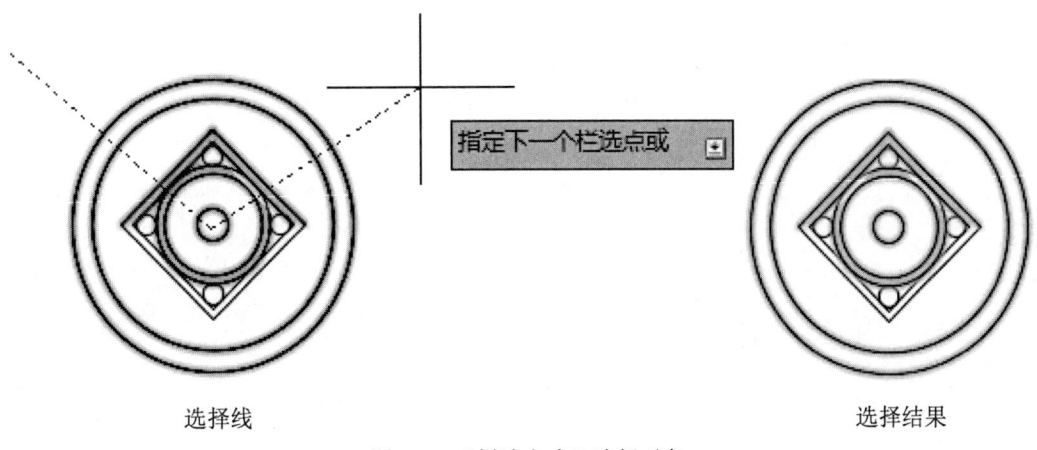

图 3-5 "栏选方式"选择对象

3.1.1.7 框选方式（BOX）

使用该方式时，系统根据用户在屏幕上给出的两个对角点的位置而自动引用"窗口"或"窗交"选择方式。若从左向右指定对角点，为"窗口"方式；反之，为"窗交"方式。

3.1.2 选择集与快速选择

3.1.2.1 构造选择集

选择集可以由一个图形对象构成，也可以是一个复杂的对象组，例如位于某一特定图层上具有某种特定颜色的一组对象。选择集的构造在调用编辑命令之前或之后都可以。

AutoCAD 提供了以下几种方法构造选择集：

第一种方法：先选择一个编辑命令，然后选择对象，按 Enter 键结束操作。

第二种方法：使用 SELECT 命令。

第三种方法：用点取设备选择对象，然后调用编辑命令。

第四种方法：定义对象组。

无论使用哪种方法，AutoCAD 都将提示用户选择对象，并且光标的形状由十字光标变为拾取框。

3.1.2.2 快速选择

有时需要选择具有某些共同属性的对象来构造选择集，如选择具有相同颜色、线型或线宽的对象，用户可以使用前面介绍的方法选择这些对象，但如果要选择的对象数量较多且分布在较复杂的图形中，会导致很大的工作量。AutoCAD 2016 提供了 QSELECT 命令来解决这个问题。调用 QSELECT 命令后，打开"快速选择"对话框，如图 3-6 所示。利用该对话框可以根据用户指定的过滤标准快速创建选择集。"快速选择"对话框主要有如下三种调用方法：

第一种方法：在命令行中输入"QSELECT"命令。

第二种方法：选择菜单栏中的"工具"→"快速选择"命令。

第三种方法：在快捷菜单中选择"快速选择"命令，如图 3-7 所示。

执行上述操作后，系统打开如图 3-6 所示的"快速选择"对话框。在该对话框中可以选择符合条件的对象或对象组。

3.1.3 用夹点编辑对象

利用夹点编辑功能可以快速方便地编辑对象。AutoCAD 在图形对象上定义了一些特殊点称为夹持点，利用夹持点可以灵活地控制对象。

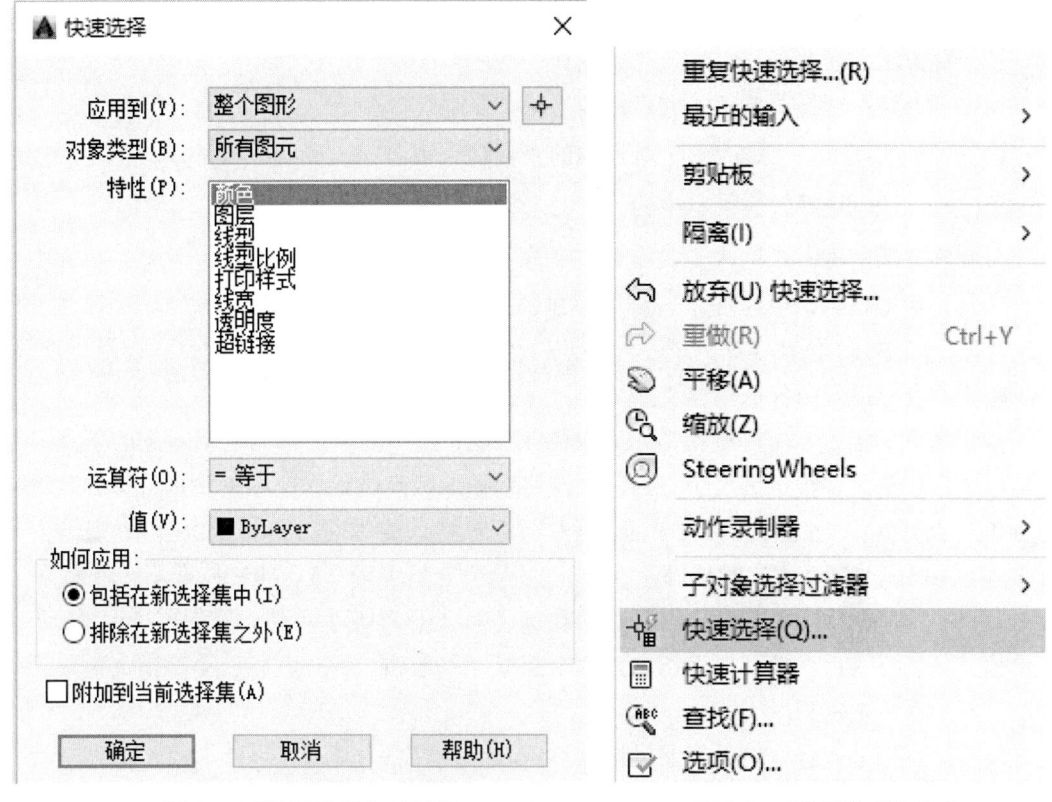

图 3-6 "快速选择"对话框　　　　图 3-7 "快速选择"命令

要使用夹点编辑功能编辑对象必须先打开夹点编辑功能，打开的方法如下：选择菜单栏中的"工具"→"选项"命令，在"选择集"选项卡的"夹点"选项组下面选中"显示夹点"复选框。在该页面上还可以设置代表夹点的小方格的尺寸和颜色。

打开了夹点编辑功能后，应该在编辑对象之前先选择对象，选择对象后，在对象上显示该对象的所有夹点，夹点表示对象的控制位置，这些夹点均默认为蓝色，称为"冷点"。使用夹点编辑对象时，要选择一个夹点作为基点，被选择后，该夹点颜色变为红色，称为"热点"，也称为基准夹点，然后选择一种编辑操作（如删除、移动、复制、拉伸和缩放等）就可以对图形对象进行编辑了。

3.2 复制类编辑命令

3.2.1 复制命令

在图形绘制过程中，经常会遇到在一张图上有若干个相同的对象，此时，AutoCAD系统提供了"复制"命令，可以省去绘制同样对象的重复工作，从而提高了绘图效率。

使用"复制"命令可以将一个或多个图形对象复制到指定位置上，也可以将图形对象进行一次或多次复制操作。执行"复制"命令，主要有以下五种方法：

第一种方法：在命令行中输入"COPY"命令。

第二种方法：选择菜单栏中的"修改"→"复制"命令。

第三种方法：单击"修改"工具栏中的"复制"按钮 ⃝。

第四种方法：选择快捷菜单中的"复制选择"命令。

第五种方法：单击"默认"选项卡"修改"面板中的"复制"按钮 ⃝。

执行上述操作后，系统提示选择要复制的对象。按 Enter 键结束选择操作。在命令行提示"指定基点或 [位移（D）/ 模式（O）]< 位移 >："后指定基点或位移。使用"复制"命令时，命令行提示中各选项含义如下：

指定基点：指定一个坐标点后，AutoCAD 2016 把该坐标点作为复制对象的基点，并提示指定第二个点。指定第二个点后，系统将根据这两点确定的位移矢量把选择的对象复制到第二点处。如果此时直接按 Enter 键，即选择默认的"用第一点作位移"，则第一个点被当作相对于 X、Y、Z 的位移。例如，如果指定基点为（5，10）并在下一个提示下按 Enter 键，则该对象从当前的位置开始在 X 方向上移动 5 个单位，在 Y 方向上移动 10 个单位。复制完成后，根据提示指定第二个点或输入选项。这时，可以不断指定新的第二点，从而实现多重复制。

位移：直接输入位移值，表示以选择对象时的拾取点为基准，以拾取点坐标为移动方向纵横比，移动指定位移后确定的点为基点，例如，选择对象时拾取点坐标为（2，3），输入位移为 5，则表示以（2，3）点为基准，沿纵横比为 3：2 的方向移动 5 个单位所确定的点为基点。

模式（O）：控制是否自动重复该命令。选择该选项后，系统提示输入复制模式选项，可以设置复制模式是单个或多个。

3.2.2 镜像命令

镜像对象是指把选择的对象围绕一条镜像线作对称复制。镜像操作完成后，可以保留源对象也可以将源对象删除。对于对称图形可以只绘制一半，另一半使用镜像操作完成，执行"镜像"命令，主要有如下四种调用方法：

第一种方法：在命令行中输入"MIRROR"命令。

第二种方法：选择菜单栏中的"修改"→"镜像"命令。

第三种方法：单击"修改"工具栏中的"镜像"按钮 ⚠。

第四种方法：单击"默认"选项卡"修改"面板中的"镜像"按钮 ⚠。

执行上述操作后，系统提示选择要镜像的对象，并指定镜像线的第一个点和第二个点，并确定是否删除源对象，这两点确定一条镜像线，被选择的对象以该线为对称轴进行镜像。

【例 3-1】利用镜像命令绘制的图形，如图 3-8 所示，其步骤为：

先绘制原图如图 3-8（a）所示；第一次以 OB 为对称线进行镜像，如 3-8（b）所示；第二次以 OA 为对称线进行镜像，如图 3-8（c）所示。

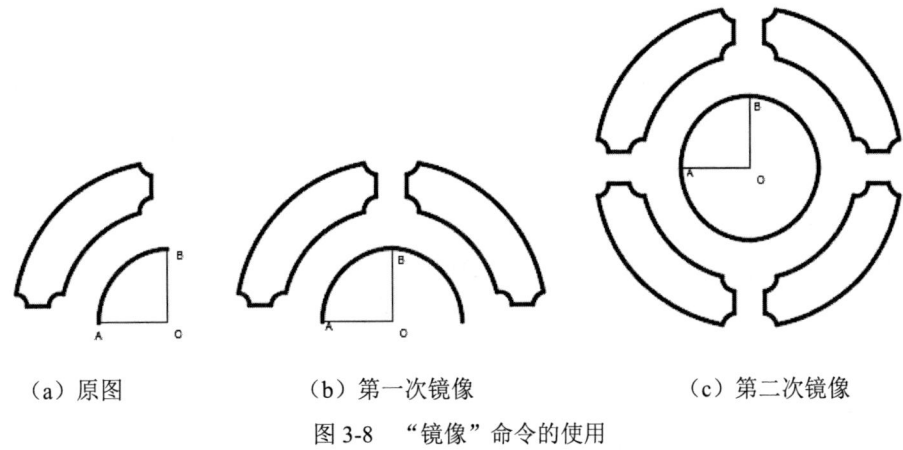

（a）原图　　　　　　　（b）第一次镜像　　　　　　（c）第二次镜像

图 3-8　"镜像"命令的使用

3.2.3 偏移命令

当要绘制的对象与图中已绘制的图形平行时，可以使用偏移命令进行对象的复制。如地形图中道路、人工河渠等可以先测量一边的边线，另一边线只要测量宽度或一点就可利用偏移命令复制另一边线。执行"偏移"命令，主要有如下四种调用方法：

第一种方法：在命令行中输入"OFFSET"命令。

第二种方法：选择菜单栏中的"修改"→"偏移"命令。

第三种方法：单击"修改"工具栏中的"偏移"按钮 。

第四种方法：单击"默认"选项卡"修改"面板中的"偏移"按钮 。

执行上述操作后，系统将提示指定偏移距离或选择选项，选择要偏移的对象并指定偏移方向。命令行提示中各选项的含义如下：

指定偏移距离：输入一个距离值，或按 Enter 键使用当前的距离值，系统把该距离值作为偏移距离，如图 3-9 所示。

通过（T）：指定偏移的通过点。选择该选项后选择要偏移的对象后按 Enter 键，并指定偏移对象的一个通过点。操作完毕后系统根据指定的通过点绘出偏移对象，如图 3-10 所示。

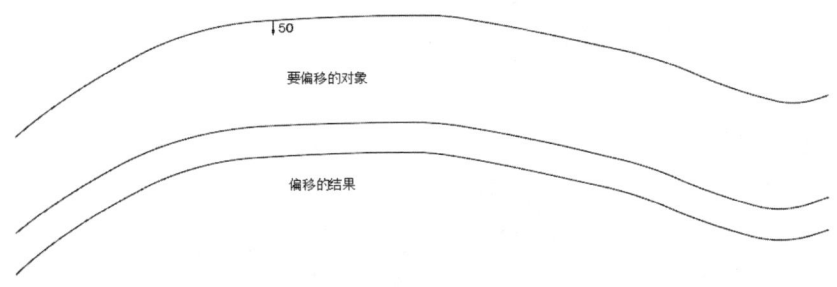

图 3-9　指定距离偏移对象

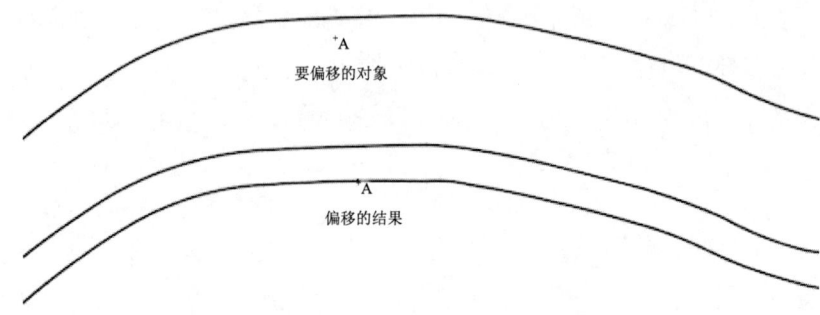

图 3-10 指定通过点偏移对象

图层（L）：确定将偏移对象创建在当前图层上还是源对象所在的图层上。选择该选项后输入偏移对象的图层选项，操作完毕后系统将在指定的图层绘出偏移对象。

3.2.4 移动命令

移动命令可以将对象从原位置以指定的角度和方向进行移动。角度和方向已知时可以使用坐标直接精确移动；如果数值不知道，但其要素在图中可以捕捉出，则选用对象捕捉方式进行精确移动。利用移动命令主要有如下五种调用方法：

第一种方法：在命令行中输入"MOVE"命令。
第二种方法：选择菜单栏中的"修改"→"移动"命令。
第三种方法：单击"修改"工具栏中的"移动"按钮 ✥。
第四种方法：单击"默认"选项卡"修改"面板中的"移动"按钮 ✥。
第五种方法：选择快捷菜单中的"移动"命令。

执行上述操作后，根据系统提示选择对象，按 Enter 键结束选择。在命令行提示下指定基点或移至点，并指定第二个点或位移量。各选项功能与 COPY 命令相关选项功能相同。所不同的是对象被移动后，原位置处的对象消失。

3.2.5 阵列命令

建立阵列是指多重复制选择的对象，并把这些副本按矩形、路径或环形排列。把副本按矩形排列称为建立矩形阵列，把副本按路径排列称为建立路径阵列，把副本按环形排列称为建立环形阵列。建立环形阵列时，应该控制复制对象的次数和对象是否被旋转；建立矩形阵列时，应该控制行和列的数量以及对象副本之间的距离。

使用阵列命令可以一次将选择的对象复制多个并按一定规律进行排列。此命令主要有如下四种调用方法：

第一种方法：在命令行中输入"ARRAY"命令。
第二种方法：选择菜单栏中的"修改"→"阵列"命令。
第三种方法：单击"修改"工具栏中的"阵列"按钮 ▦ ⌇ ⸬。

第四种方法：单击"默认"选项卡"修改"面板中的"矩形阵列"按钮 ⊞ /"路径阵列"按钮 ⌇ /"环形阵列"按钮 ⚏ 。

执行上述操作后，根据系统提示选择对象，按 Enter 键结束选择后输入阵列类型。在命令行提示下选择路径曲线或输入行列数。在执行"阵列"命令的过程中，命令行提示中各主要选项的含义如下：

切向（T）：控制选定对象是否将相对于路径的起始方向重定向（旋转），然后再移动到路径的起点。

表达式（E）：使用数学公式或方程式获取值。

基点（B）：指定阵列的基点。

关联（AS）：指定是否在阵列中创建项目作为关联阵列对象，或作为独立对象。

项目（I）：编辑阵列中的项目数。

行数（R）：指定阵列中的行数和行间距，以及它们之间的增量标高。

层级（L）：指定阵列中的层数和层间距。

对齐项目（A）：指定是否对齐每个项目以与路径的方向相切。对齐相对于第一个项目的方向（方向（O）选项）。

Z方向（Z）：控制是否保持项目的原始 Z 方向或沿三维路径自然倾斜项目。

退出（X）：退出命令。

矩形阵列效果如图 3-11 所示，路径阵列效果如图 3-12 所示，环形阵列效果如图 3-13 所示。

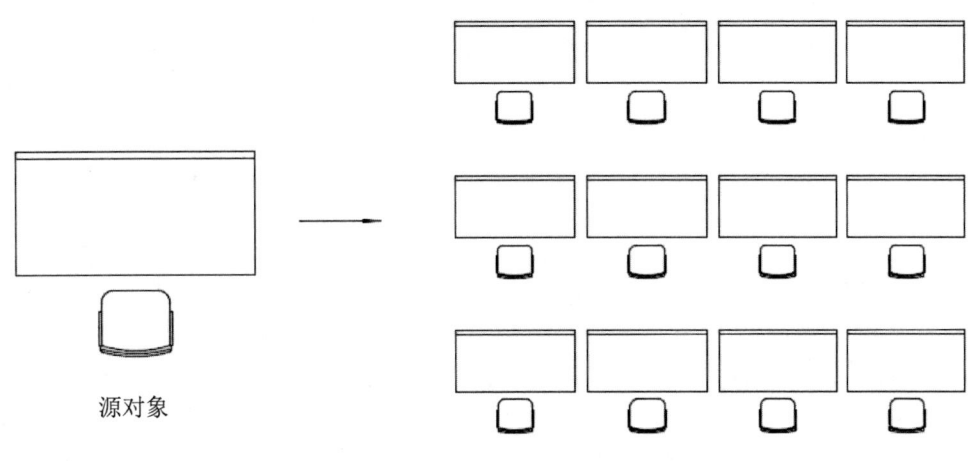

源对象　　　　　　　　　　　　阵列结果（3 行 4 列）

图 3-11　矩形阵列

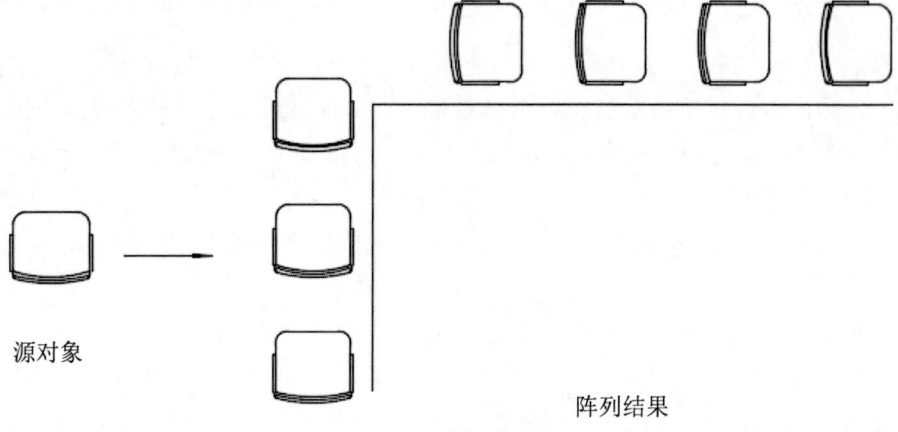

图 3-12　路径阵列

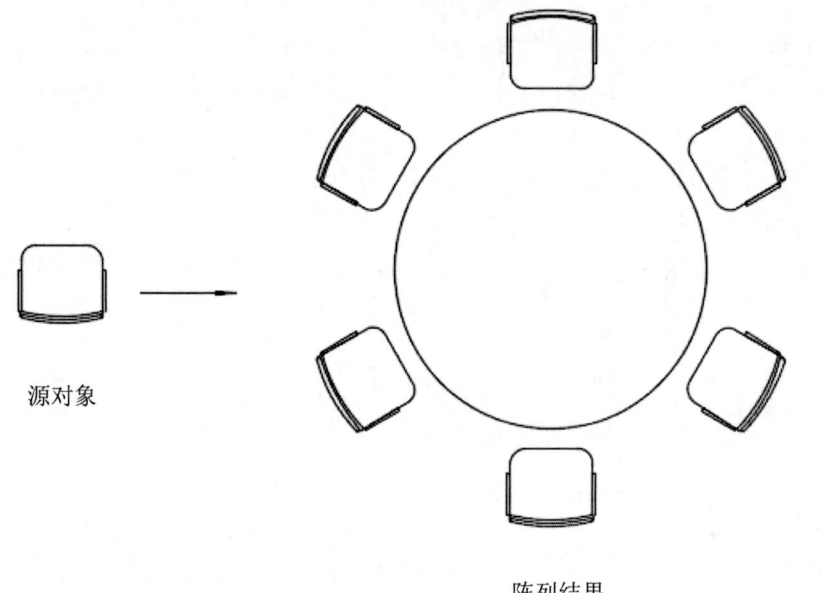

图 3-13　环形阵列

3.2.6　缩放命令

使用缩放命令可以改变图形的尺寸大小，在执行缩放的过程中，用户需要指定缩放比例，执行此命令，主要有如下五种方法：

第一种方法：在命令行中输入"SCALE"命令。
第二种方法：选择菜单栏中的"修改"→"缩放"命令。
第三种方法：单击"修改"工具栏中的"缩放"按钮▢。
第四种方法：单击"默认"选项卡"修改"面板中的"缩放"按钮▢。

第五种方法：选择快捷菜单中的"缩放"命令。

执行上述操作后，根据系统提示选择要缩放的对象，指定缩放操作的基点，指定比例因子或选项。在执行"缩放"命令的过程中，命令行提示中各主要选项的含义如下：

参照（R）：采用参考方向缩放对象时，根据系统提示输入参考长度值并指定新长度值。若新长度值大于参考长度值，则放大对象；否则，缩小对象。操作完毕后，系统以指定的基点并按指定的比例因子缩放对象。如果选择"点（P）"选项，则指定两点来定义新的长度。

指定比例因子：选择对象并指定基点后，从基点到当前光标位置会出现一条线段，线段的长度即为比例大小，鼠标选择的对象会动态地随着该连线长度的变化而缩放，按Enter键确认缩放操作。

复制（C）：选择"复制（C）"选项时，可以复制缩放对象，即缩放对象时，保留源对象。

比例缩放效果如图3-14所示。

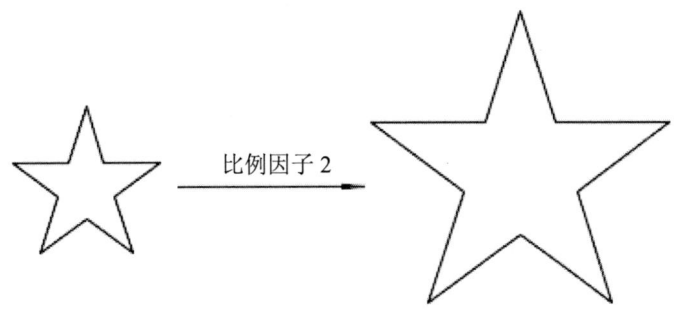

图3-14　比例缩放

3.2.7　旋转命令

利用旋转命令可以将图形围绕指定的点进行旋转，该命令主要有如下五种调用方法：
第一种方法：在命令行中输入"ROTATE"命令。
第二种方法：选择菜单栏中的"修改"→"旋转"命令。
第三种方法：单击"修改"工具栏中的"旋转"按钮 ○。
第四种方法：单击"默认"选项卡"修改"面板中的"旋转"按钮 ○。
第五种方法：选择快捷菜单中的"旋转"命令。

执行上述操作后，根据系统提示选择要旋转的对象，并指定旋转的基点和旋转角度。在执行"旋转"命令的过程中，命令行提示中各主要选项的含义如下：

复制（C）：选择该选项，旋转对象的同时保留源对象。

参照（R）：采用该方式旋转对象时，根据系统提示指定要参考的角度和旋转后的角度值，操作完毕后，对象被旋转至指定的角度位置。

3.3 改变几何特性类命令

3.3.1 修剪命令

使用修剪命令可以将超出修剪边界的线条进行修剪，被修剪的对象可以是直线、多段线、圆弧、样条曲线、构造线等。执行该命令，主要有以下四种调用方法：

第一种方法：在命令行中输入"TRIM"命令。

第二种方法：选择菜单栏中的"修改"→"修剪"命令。

第三种方法：单击"修改"工具栏中的"修剪"按钮 -/-。

第四种方法：单击"默认"选项卡"修改"面板中的"修剪"按钮 -/-。

执行上述操作后，根据系统提示选择剪切边，选择一个或多个对象并按 Enter 键，按 Enter 键结束后选择被修剪的对象。使用"修剪"命令对图形对象进行修剪时，命令行提示主要选项的含义如下：

选择"边（E）"选项时，可以选择对象的修剪方式。其中，延伸（E）：在此方式下，如果剪切边没有与要修剪的对象相交，系统会延伸剪切边直至与对象相交，然后再修剪，如图 3-15 所示；不延伸（N）：不延伸边界修剪对象，只修剪与剪切边相交的对象。

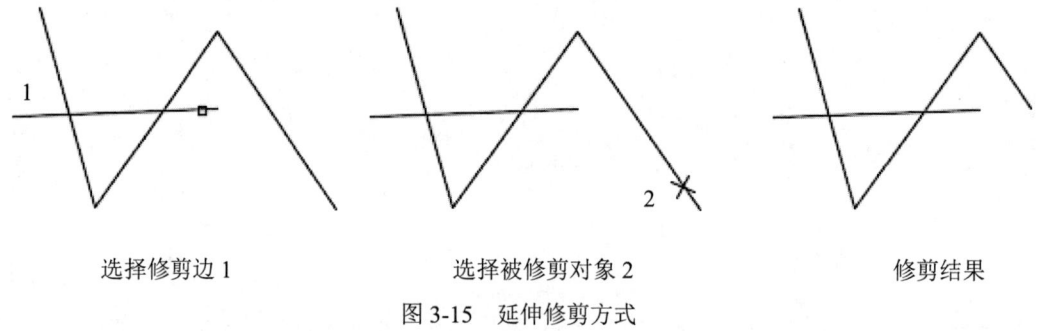

选择修剪边 1　　　　　选择被修剪对象 2　　　　　修剪结果

图 3-15　延伸修剪方式

栏选（F）：系统以栏选的方式选择被修剪对象，如图 3-16 所示。

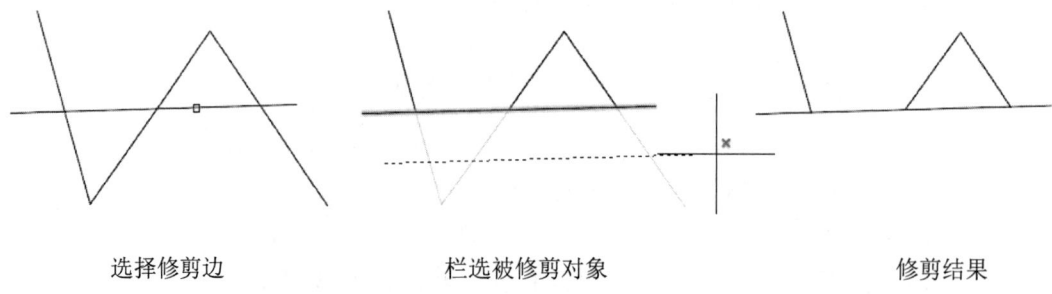

选择修剪边　　　　　栏选被修剪对象　　　　　修剪结果

图 3-16　栏选修剪方式

窗交（C）：系统以窗交的方式选择被修剪对象。被选择的对象可以互为边界和被修剪对象，此时系统会在选择的对象中自动判断边界，如图 3-17 所示。

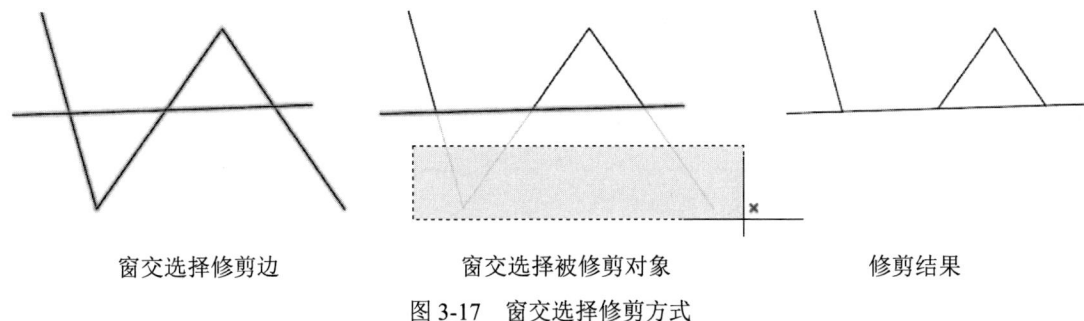

窗交选择修剪边　　　　　　窗交选择被修剪对象　　　　　　修剪结果

图 3-17　窗交选择修剪方式

3.3.2　延伸命令

延伸对象是指将对象延伸至另一个对象的边界线，如图 3-18 所示。执行延伸命令主要有以下四种调用方法：

第一种方法：在命令行中输入"EXTEND"命令。
第二种方法：选择菜单栏中的"修改"→"延伸"命令。
第三种方法：单击"修改"工具栏中的"延伸"按钮 --/。
第四种方法：单击"默认"选项卡"修改"面板中的"延伸"按钮 --/。

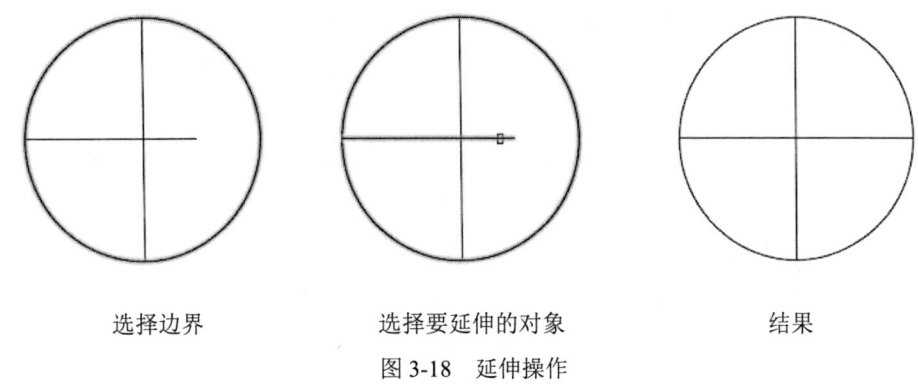

选择边界　　　　　　选择要延伸的对象　　　　　　结果

图 3-18　延伸操作

执行上述操作后，根据系统提示选择边界的边，选择边界对象。此时可以选择对象来定义边界。若直接按 Enter 键，则选择所有对象作为可能的边界对象。选择边界对象后，系统继续提示选择要延伸的对象，即可对图形对象进行延伸。

AutoCAD 2016 规定可以用作边界对象的有直线段、射线、构造线、圆弧、圆、椭圆、二维和三维多段线、样条曲线、文本、浮动的视口、区域。如果选择二维多段线作边界对象，系统会忽略其宽度而把对象延伸至多段线的中心线。

3.3.3　倒角命令

倒角是指用斜线连接两个不平行的线型对象。可以用斜线连接直线段、双向无限长线、射线和多段线。AutoCAD 采用两种方法确定连接两个线型对象的斜线：即指定斜线两个距离或指定一个距离和斜线角度，如图3-19所示。

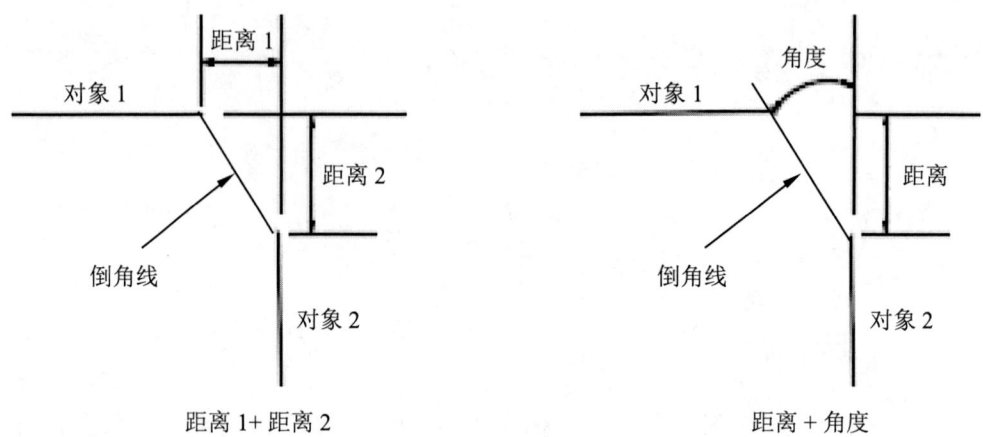

图3-19 倒角的两种方式

执行倒角命令主要有以下四种调用方法：

第一种方法：在命令行中输入"CHAMFER"命令。

第二种方法：选择菜单栏中的"修改"→"倒角"命令。

第三种方法：单击"修改"工具栏中的"倒角"按钮 。

第四种方法：单击"默认"选项卡"修改"面板中的"倒角"按钮 。

执行上述操作后，根据系统提示选择第一条直线或别的选项，再选择第二条直线。执行"倒角"命令对图形进行倒角处理时，命令行提示中各选项的含义如下：

多段线（P）：对多段线的各个交叉点倒斜角。为了得到最好的连接效果，一般设置斜线是相等的值。系统根据指定的斜线距离把多段线的每个交叉点都作斜线连接，连接的斜线成为多段线新添加的构成部分，如图3-20所示。

距离（D）：选择倒角斜线的两个距离。斜线的两个距离可以相同，也可以不相同。若二者均为0，则系统不绘制连接的斜线，而是把两个对象延伸至相交并修剪超出的部分。

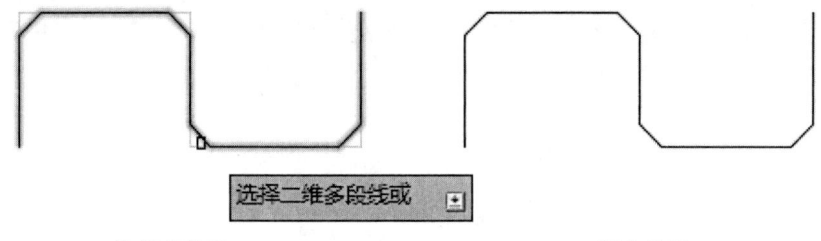

图3-20 选择多段线倒角的方式

角度（A）：选择斜线的一个距离和斜线的倒角角度。

修剪（T）：该选项决定连接对象后是否剪切源对象。

方式（C）：决定采用"距离"方式还是"角度"方式来倒斜角。

多个（M）：同时对多个对象进行倒斜角编辑。

3.3.4 圆角命令

圆角是指用指定半径的圆弧平滑的连接两个对象。AutoCAD 2016规定可以圆滑连接一对直线段、非圆弧的多段线、样条曲线、构造线、射线、圆弧和椭圆弧。可以在任何时刻圆滑连接多段线的每个节点。执行"圆角"命令，主要有以下四种调用方法：

第一种方法：在命令行中输入"FILLET"命令。

第二种方法：选择菜单栏中的"修改"→"圆角"命令。

第三种方法：单击"修改"工具栏中的"圆角"按钮 。

第四种方法：单击"默认"选项卡"修改"面板中的"圆角"按钮 。

执行上述操作后，根据系统提示选择第一条直线或别的选项，再选择第二条直线。执行"圆角"命令对图形进行倒圆角处理时，命令行提示中各选项的含义如下：

多段线（P）：在一条二维多段线的两直线段的节点处插入圆滑的弧。选择多段线后系统会根据指定半径的圆弧把多段线各顶点用圆滑的弧连接起来。

修剪（T）：决定在圆滑连接两条边时，是否修剪这两条边，如图3-21所示。

多个（M）：同时对多个对象进行圆角编辑。而不必重新起用命令。

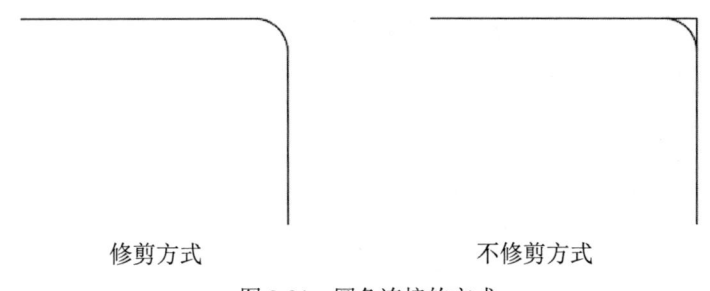

图3-21 圆角连接的方式

3.3.5 拉伸命令

拉伸对象是指拖拉选择的对象，且对象的形状发生改变。拉伸对象时应指定拉伸的基点和移至点。利用一些辅助工具，如捕捉、钳夹功能及相对坐标等都可以提高拉伸的精度，如图3-22所示。执行"拉伸"命令，主要有以下四种方法：

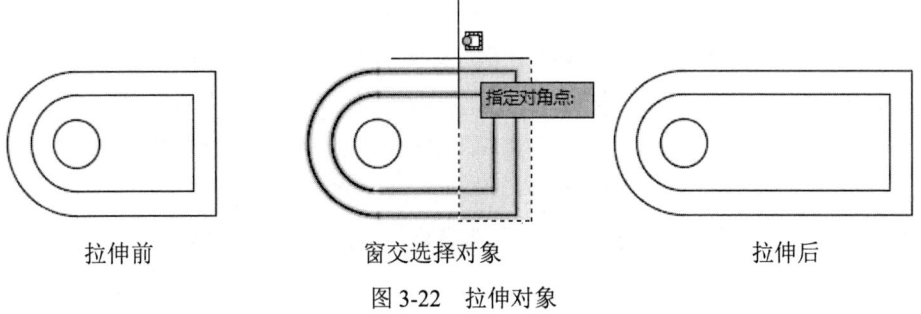

图3-22 拉伸对象

第一种方法：在命令行中输入"STRETCH"命令。
第二种方法：选择菜单栏中的"修改"→"拉伸"命令。
第三种方法：单击"修改"工具栏中的"拉伸"按钮。
第四种方法：单击"默认"选项卡"修改"面板中的"拉伸"按钮。

执行上述操作后，根据系统提示输入"C"，采用交叉窗口的方式选择要拉伸的对象，指定拉伸的基点和第二点。此时，若指定第二个点，系统将根据这两点决定的矢量拉伸对象。若直接按 Enter 键，系统会把第一个点的坐标值作为 X 和 Y 轴的分量值。用交叉窗口选择拉伸对象后，落在交叉窗口内的端点被拉伸，落在外部的端点保持不动。

3.3.6 拉长命令

拉长是指拖拉选择的对象至某点或拉长一定长度。执行"拉长"命令，主要有以下三种方法：

第一种方法：在命令行中输入"LENGTHEN"命令。
第二种方法：选择菜单栏中的"修改"→"拉长"命令。
第三种方法：单击"默认"选项卡"修改"面板中的"拉长"按钮。

执行上述操作后，根据系统提示选择对象。使用"拉长"命令对图形对象进行拉长时，命令行提示主要选项的含义如下：

增量（DE）：用指定增加量的方法改变对象的长度或角度。
百分数（P）：用指定占总长度百分比的方法改变圆弧或直线段的长度。
全部（T）：用指定新的总长度值或总角度值的方法来改变对象的长度或角度。
动态（DY）：打开动态拖拉模式。在这种模式下，可以使用拖拉鼠标的方法来动态地改变对象的长度或角度。

3.3.7 打断命令

利用打断命令可以将直线、多段线、射线、样条曲线、圆和圆弧等图形分成两个对象或删除对象中的一部分。该命令主要有以下四种调用方法：

第一种方法：在命令行中输入"BREAK"命令。
第二种方法：选择菜单栏中的"修改"→"打断"命令。
第三种方法：单击"修改"工具栏中的"打断"按钮。
第四种方法：单击"默认"选项卡"修改"面板中的"打断"按钮。

执行上述操作后，根据系统提示选择要打断的对象，并指定第二个打断点或输入"F"。使用"打令"命令对图形对象进行打断时，在命令行提示中如果选择"第一点（F）"，AutoCAD 2016 将丢弃前面的第一个选择点，重新提示用户指定两个断开点。

3.3.8 打断于点命令

打断于点是指在对象上指定一点从而把对象在此点拆分成两部分。此命令与"打断"命令类似。该命令主要有以下两种调用方法:

第一种方法:单击"修改"工具栏中的"打断"按钮 。

第二种方法:单击"默认"选项卡"修改"面板中的"打断"按钮 。

执行上述操作后,根据系统提示选择要打断的对象,并选择打断点,图形由打断点处断开。

3.3.9 合并命令

可以将直线、圆、圆弧、椭圆弧和样条曲线等独立的线段合并为一个对象,如图 3-23 所示。执行"合并"命令,主要有以下四种调用方法:

第一种方法:在命令行中输入"JOIN"命令。
第二种方法:选择菜单栏中的"修改"→"合并"命令。
第三种方法:单击"修改"工具栏中的"合并"按钮 。
第四种方法:单击"默认"选项卡"修改"面板中的"合并"按钮 。

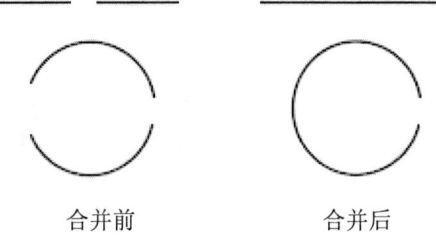

合并前　　　　合并后

图 3-23　合并对象

执行上述操作后,根据系统提示选择一个源对象,再选择要合并到源对象的另一个对象,合并完成。

3.3.10 光顺曲线命令

光顺曲线是在两条开放曲线的端点之间创建的相切或平滑的样条曲线。执行"光顺曲线"命令,主要有以下四种调用方法:

第一种方法:在命令行中输入"BLEND"命令。
第二种方法:选择菜单栏中的"修改"→"光顺曲线"命令。
第三种方法:单击"修改"工具栏中的"光顺曲线"按钮 。
第四种方法:单击"默认"选项卡"修改"面板中的"光顺曲线"按钮 。

执行上述操作后,根据系统提示输入"CON",设置连续性,在命令行提示下选择第一个对象和第二个对象。执行该命令时，命令行提示中主要选项的含义如下：

连续性（CON）：在两种过渡类型中指定一种。

相切（T）：创建一条三阶样条曲线，在选定对象的端点处具有相切（G1）连续性。

平滑（S）：创建一条五阶样条曲线，在选定对象的端点处具有曲率（G2）连续性。如果使用"平滑"选项，请勿将显示从控制点切换为拟合点。此操作将样条曲线更改为三阶，这会改变样条曲线的形状。

3.3.11 分解命令

利用分解命令可以将由多个对象组合的图形（如多段线、矩形、多边形和图块等）进行分解，执行此命令，主要有以下四种方法：

第一种方法：在命令行中输入"EXPLODE"命令。

第二种方法：选择菜单栏中的"修改"→"分解"命令。

第三种方法：单击"修改"工具栏中的"分解"按钮 。

第四种方法：单击"默认"选项卡"修改"面板中的"分解"按钮 。

执行上述操作后，根据系统提示选择要分解的对象。选择一个对象后，该对象会被分解。系统将继续提示该行信息，允许分解多个对象。选择的对象不同，分解的结果就不同。下面列出几种对象分解结果。

二维和优化多段线：放弃所有关联的宽度或切线信息。对于宽多段线，将沿多段线中心放置分解结果的直线和圆弧。

三维多段线：分解成直线段。为三维多段线指定的线型将应用到每一个得到的线段。

三维实体：将平整面分解成面域。将非平整面分解成曲面。

注释性对象：分解一个包含属性的块，并将删除属性值并重显示属性定义。无法分解使用 MINSERT 命令和外部参照插入的块及其依赖块。

面域：分解成直线、圆弧或样条曲线。

3.4 删除与恢复类命令

3.4.1 删除命令

如果所绘制的图形不符合要求或不小心错绘了图形，可以使用"删除"命令将其删除。执行该命令，主要有以下六种方法：

第一种方法：在命令行中输入"ERASE"命令。

第二种方法：选择菜单栏中的"修改"→"删除"命令。

第三种方法：单击"修改"工具栏中的"删除"按钮 。

第四种方法：单击"默认"选项卡"修改"面板中的"删除"按钮 。
第五种方法：在快捷菜单中选择"删除"命令。
第六种方法：利用快捷键 Delete。

执行上述操作后，可以先选择对象后调用"删除"命令，也可以先调用"删除"命令然后再选择对象。当选择多个对象时，多个对象都被删除；若选择的对象属于某个对象组，则该对象组的所有对象都被删除。

3.4.2 恢复命令

若不小心误删除了图形，可以使用"恢复"命令 OOPS 恢复误删除的对象。执行"恢复"命令，主要有以下三种方法：

第一种方法：在命令行中输入"OOPS"或"U"命令。
第二种方法：单击"标准"工具栏中的"放弃"按钮 。
第三种方法：利用快捷键 Ctrl+Z。

执行上述操作后，在命令行窗口的提示行输入"OOPS"，按 Enter 键。

思考与练习题

1．对"极轴"追踪进行设置，把"增量角"设为 30°，把"附加角"设为 10°，采用极轴追踪时，不会显示极轴对齐的是（　　）。
　A. 10°　　　　B. 30°　　　　C. 40°　　　　D. 60°

2．默认状态下，若对象捕捉关闭，命令执行过程中，按住快捷键（　　），可以实现对象捕捉。
　A. Shift　　　　B. Shift+A　　　　C. Shift+S　　　　D. Alt

3．不能应用修剪命令"trim"进行修剪的对象是（　　）。
　A. 圆弧　　　　B. 圆　　　　C. 直线　　　　D. 文字

4．下列选项不属于环形阵列方式的是（　　）。
　A. 项目总数和填充角度　　　　B. 项目总数和项目间的角度
　C. 阵列的行数和列数　　　　　D. 填充角度和项目间的角度

5．关于 Move 命令的移动基点，描述正确的是（　　）。
　A．须选择坐标原点　　　　　　B．须选择图形上的特殊点
　C．可是绘图区域上的任意点　　D．可以直接回车作答

6．在选择多个对象时，选中了一些不应该选中的对象，如何将多余的对象从选择集中去除？

7．在使用旋转命令的"参照（R）"时，"指定参照角"和"指定新角度"各是指哪个角度？

上机训练

1. 应用修剪、阵列等命令绘制如图 3-24 所示的紫荆花图案，尺寸自定。

图 3-24　训练图案 3

2. 应用面域和布尔运算的方法绘制如图 3-25 所示的三角铁图案，尺寸自定。

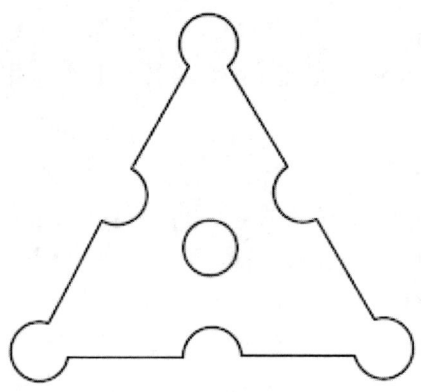

图 3-25　训练图案 3

第4章　定义绘图环境

教学过程设计与建议

课程内容	4.1　设置图形环境 4.2　图层与图层特性管理 4.3　对象特性 4.4　精确绘图辅助工具 4.5　控制图形显示
任务设计	在绘图前先设置绘图环境，包括图形尺寸界限或图幅、绘图单位，对于复杂的图形利用图层管理器建立各种图层；利用对象特性窗口或特性匹配可以快速完成对图形对象的编辑与修改；运用对象捕捉、极轴追踪、对象追踪、正交模式等工具实现精确绘图。
知识目标	掌握图幅界限和绘图单位的设置方法；正确理解或应用图层；理解和应用状态栏各种按钮实现精确地快速绘图；在绘图过程中熟练控制图形的各种显示。
能力目标	能够掌握图幅界限和绘图单位设置，运用AutoCAD中对象捕捉、极轴追踪、对象追踪、正交模式等工具实现精确绘制图形，学会利用对象特性窗口或特性匹配方法对图形对象进行编辑与修改。
教学重点	图形的图幅大小与单位设置、图层设置、对象追踪和对象捕捉的设置与应用。
教学难点	极轴追踪、对象追踪、临时点追踪等工具的理解与掌握。
授课形式建议	教师演示与学生练习相结合。
教学过程设计	教师演示：选择对地形图的绘制→图幅大小的设置→绘图单位的设置→图层的设置→图形的精确定位→常见地形符号的绘制。
技能训练	学生练习：给定一个简单的地形图样图→图幅大小设置→绘图单位设置→图层设置→图形精确定位→地形符号绘制→文件保存。
考核标准	绘制一个简单的地形图，学会图幅、单位和图层的设置，要求学生在机房现场绘图，根据学生绘图的速度和正确率计入平时考核成绩。

4.1 设置图形环境

要绘制出符合制图标准的图形，必须学会设置所需要的绘图环境。良好的绘图环境有利于快速、准确、高效地绘图，并方便日后对图形的编辑和修改，有利于更好地进行图形管理。

4.1.1 设置图形界限

设置图形界限就是设置绘图区域和图形输出的图纸大小，常用图纸规格有 A4～A0，一般称为 0～4 号图纸。图形界限的设置就是设置一个与选定图纸大小相对应的矩形的边界。即由两个二维点的坐标（一个矩形的左下角和右上角）所确定的矩形范围，在 Z 方向上没有大小限制，对于地形图的图形界限通常是由测区内西南角坐标和东北角坐标决定的。执行"图形界限"命令主要有以下两种方法：

第一种方法：在命令行中输入"LIMITS"命令。

第二种方法：选择菜单栏中的"格式"→"图形界限"命令。

执行上述操作后，根据系统提示输入图形边界左下角的坐标后按 Enter 键，输入图形边界右上角的坐标后再按 Enter 键。执行该命令时，命令行各选项的含义如下：

开（ON）：使绘图边界有效。系统在绘图边界以外拾取的点视为无效。

关（OFF）：使绘图边界无效。用户可以在绘图边界以外拾取点或实体。

动态输入角点坐标：可以直接在屏幕上输入角点坐标，输入了横坐标值后，按下"，"键，接着输入纵坐标值，也可以按光标位置直接按下鼠标左键确定角点位置。

4.1.2 设置图形单位

图形单位就是在使用 AutoCAD 2016 绘图时采用的单位。一般情况下，图形单位都采用样板文件的默认设置，用户也可根据需要重设图形单位。建筑绘图图形单位通常设置为毫米，地形绘图设置为米，精度精确到小数点后三位。设置图形单位主要有以下两种方法：

第一种方法：在命令行中输入"DDUNITS"或"UNITS"命令。

第二种方法：选择菜单栏中的"格式"→"单位"命令。

执行上述操作后，系统打开"图形单位"对话框，如图 4-1 所示。该对话框用于定义长度单位和角度格式。对话框中的各参数设置如下：

"长度"与"角度"选项组：指定测量长度与角度的当前单位及当前单位的精度。

"用于缩放插入内容的单位"下拉列表框：控制使用工具选项板拖入当前图形的块的

测量单位。如果块或图形创建时使用的单位与该选项指定的单位不同，则在插入这些块或图形时，将对其按比例缩放。插入比例是源块或图形使用的单位与目标图形使用的单位之比。如果插入块时不按指定单位缩放，请选择"无位"选项。

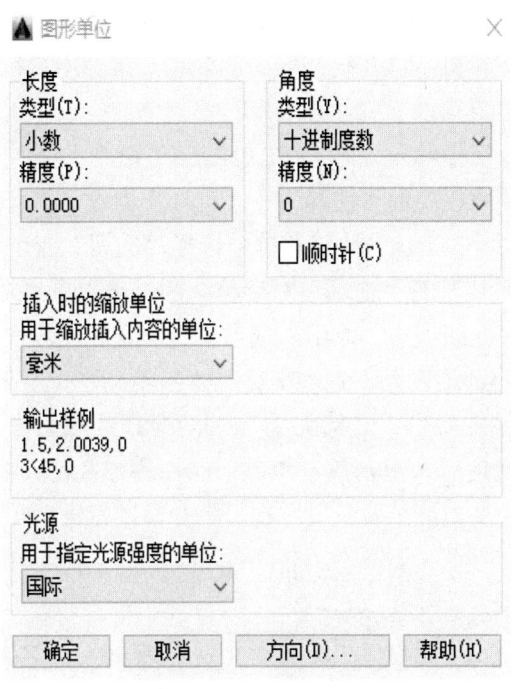

图 4-1　"单位设置"对话框

"输出样例"选项组：显示用当前单位和角度设置的样例。

"用于指定光源强度的单位"下拉列表框：设置当前图形中光度控制光源的强度测量单位。

"方向"按钮：单击该按钮，系统弹出"方向控制"对话框，如图 4-2 所示。可以在该对话框中进行方向控制设置。

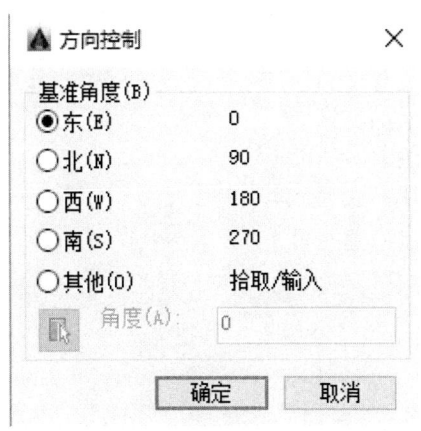

图 4-2　"方向控制"对话框

4.1.3 配置绘图系统

每台计算机所使用的显示器、输入设备和输出设备的类型不同，个人喜好的风格及计算机的目录设置也不同。一般来讲，使用 AutoCAD 2016 的默认配置就可以绘图，但为了使用用户的定点设备或打印机，以及提高绘图的效率，推荐用户在开始作图前先进行必要的配置。配置绘图系统主要有以下三种方法：

第一种方法：在命令行中输入"PREFERENCES"命令。
第二种方法：选择菜单栏中的"工具"→"选项"命令。
第三种方法：在如图 4-3 所示的快捷菜单中选择"选项"命令。

执行上述操作后，系统打开"选项"对话框。用户可以在该对话框中设置有关选项，对绘图系统进行配置。下面就其中"显示"选项卡做一说明，其他配置选项操作类似。

该选项卡用于控制 AutoCAD 系统的外观，如图 4-4 所示，可设定滚动条显示与否、界面菜单显示与否、绘图区颜色、光标大小、AutoCAD 的版面布局设置、各实体的显示精度等。设置实体显示精度时，显示质量越高，即精度越高，计算机计算的时间就越长，建议不要将精度设置得太高，显示质量设定在一个合理的范围即可。

图 4-3　快捷菜单

图 4-4 "显示"选项卡

4.2 图层与图层特性管理

AutoCAD 中的图层，相当于多层透明的图纸重叠在一起，每一层可以单独绘图、编辑、设置不同的特性而不影响其他的图层，各图层重叠在一起又成为一幅完整的图形。图层的作用是将绘制的对象按"层"分开，每个层上的对象具有一致的特性，如颜色、线型、线宽等，也可以设置与层无关的独立特性。熟练使用图层，不仅可以方便控制对象的显示和编辑，还可以提高绘制复杂图形时的绘图效率和准确性。

4.2.1 图层的设置

在使用图层功能之前，首先要对图层的各项特性进行设置，包括建立和命名图层、设置当前图层、设置图层的颜色和线型，图层是否关闭、是否冻结、是否锁定以及删除图层等。

AutoCAD 2016 提供了详细直观的"图层特性管理器"选项板，用户可以方便地通过对该选项板中的各选项及其二级对话框进行设置,从而实现建立新图层、设置图层颜色及线型等各种操作。执行上述功能,主要有如下三种调用方法:

第一种方法:在命令行中输入"LAYER"或"LA"命令。

第二种方法:选择菜单栏中的"格式"→"图层"命令。

第三种方法:单击"图层"工具栏中的"图层特性"按钮。

执行上述操作后,系统打开如图 4-5 所示的"图层特性管理器"选项板。该选项板中主要参数含义如下:

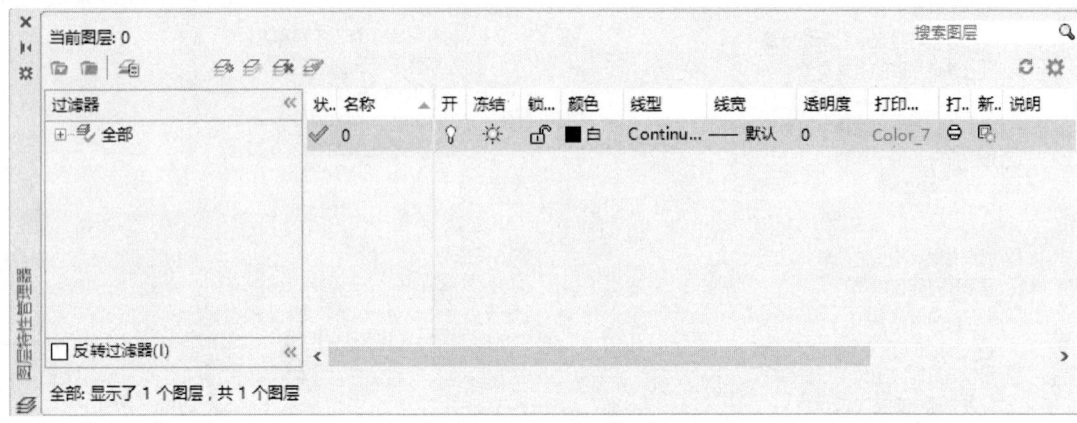

图 4-5 "图层特性管理器"选项板

"新建特性过滤器"按钮：单击该按钮,打开"图层过滤器特性"对话框,如图 4-6 所示。从中可以基于一个或多个图层特性创建图层过滤器。

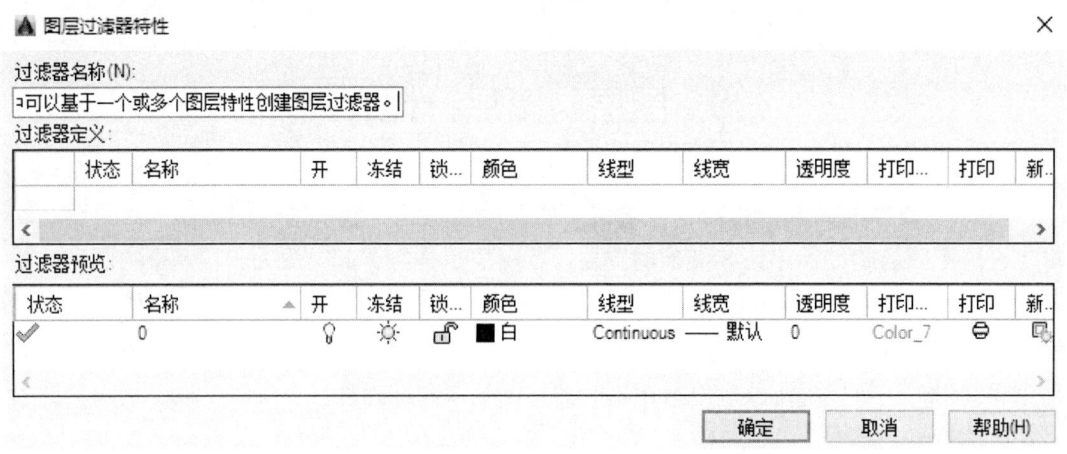

图 4-6 "图层过滤器特性"对话框

"新建组过滤器"按钮。创建一个图层过滤器,其中包含用户选定并添加到该过滤器的图层。

"图层状态管理器"按钮：单击该按钮,打开"图层状态管理器"对话框,如图 4-7 所示。从中可以将当前特性设置保存到命名图层状态中,以后可以再恢复这些设置。

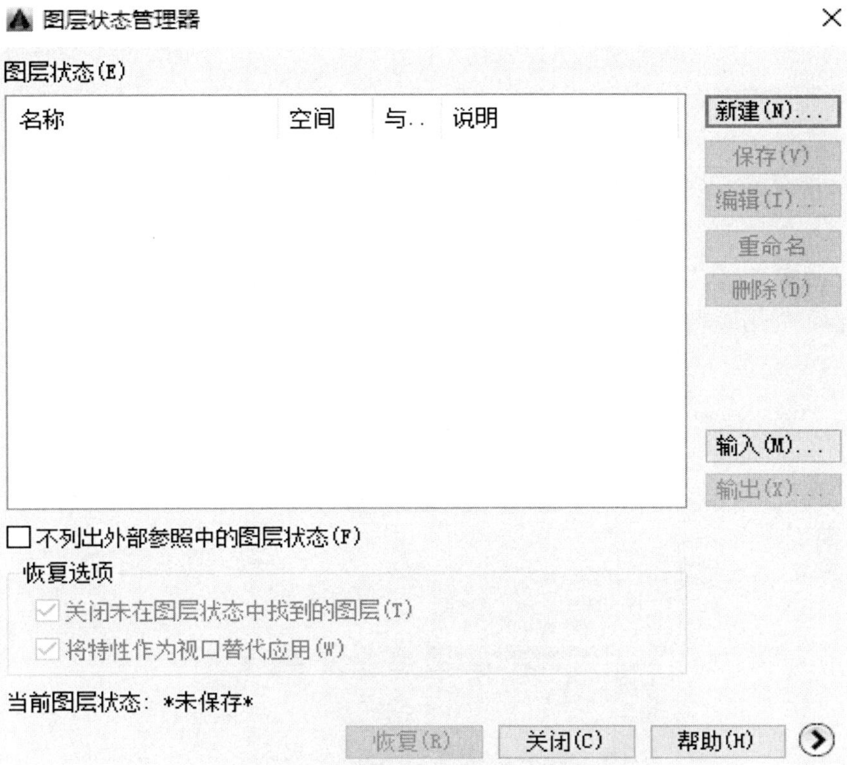

图 4-7 "图层状态管理器"对话框

"新建图层"按钮：建立新图层。单击该按钮，图层列表中出现一个新的图层"图层1"，用户可使用此图层名，也可重命名。新的图层继承了建立新图层时所选中的已有图层的所有特性（颜色、线型、ON/OFF 状态等），如果新建图层时没有图层被选中则新图层具有默认的设置。

"删除图层"按钮：删除所选层。在图层列表中选中某一图层，然后单击该按钮，则把该图层删除。

"置为当前"按钮：设置当前图层。在图层列表中选中某一图层，然后单击该按钮，则把层设置为当前层，并在"当前图层"一栏中显示图层名。当前层的名称存储在系统变量 CLAYER 中。另外，双击图层名也可把该层设置为当前层。

"搜索图层"文本框：输入字符时，按名称快速过滤图层列表。关闭图层特性管理器时并不保存此过滤器。

"反转过滤器"复选框：选中此复选框，将显示所有不满足选定图层特性过滤器中条件的图层。

图层列表区：显示已有图层及其特性。要修改某一图层的某一特性，单击它所对应的图标即可，右击空白区域，利用快捷菜单可快速选中所有图层。

在"图层特性管理器"选项板的名称栏分别有一列状态转换图标，在图标上单击可以打开或关闭该图标所代表的功能，其含义分别如下：

打开/关闭（ ）：可以控制图层的打开或关闭状态，当图层处于关闭状态时，该图层上的所有对象将隐藏不显示，只有在打开状态下，图层里的内容才会在屏幕上显示或由打印机打印出来。

解冻/冻结（ ）：可以控制图层的解冻或冻结状态，当图层呈现冻结状态时，该图层上的对象均不会显示在屏幕上或由打印机打出，而且不会执行编辑命令。因此若将视图中不需要编辑的图层暂时冻结，可加快执行绘图编辑的速度。

解锁/锁定（ ）：可以控制图层的解锁或锁定状态，被锁定的图层仍然显示在画面上，但不能用编辑命令修改被锁定的对象，只能绘制新的对象，这样可防止重要的图形被修改。

打印/不打印（ ）：设定该图层是否可以打印图形。

颜色：显示和改变图层的颜色。如果要改变某一层的颜色，单击其对应的颜色图标，AutoCAD 打开如图 4-8 所示的"选择颜色"对话框，用户可从中选取需要的颜色。

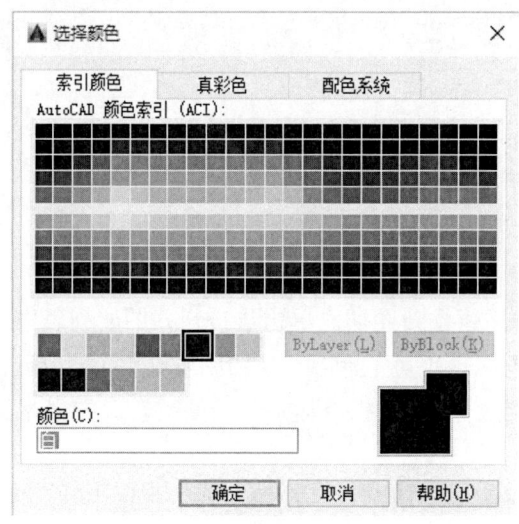

图 4-8 "选择颜色"对话框

线型：显示和修改图层的线型。如果要修改某一层的线型，单击该层的"线型"选项，打开"选择线型"对话框，如图 4-9 所示，其中列出了当前可用的线型，用户可从中选取。

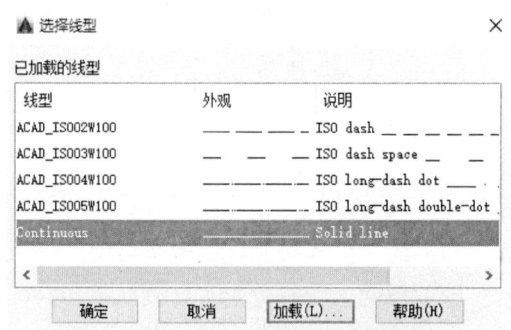

图 4-9 "选择线型"对话框

线宽：显示和修改图层的线宽。如果要修改某一层的线宽，单击该层的"线宽"选项，打开"线宽"对话框，如图 4-10 所示，其中列出了 AutoCAD 设定的线宽，用户可从中选取。其中，"线宽"列表框显示可以选用的线宽值，包括一些绘图中经常用到的线宽，用户可从中选取需要的线宽。"旧的"显示行显示前面赋予图层的线宽，"新的"显示行显示赋予图层的新的线宽。

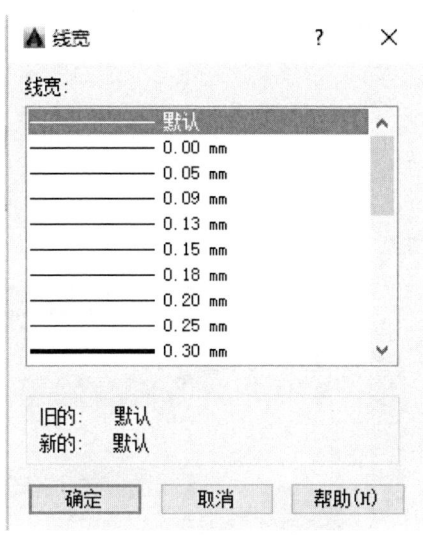

图 4-10　"选择线宽"对话框

打印样式：修改图层的打印样式，所谓打印样式是指打印图形时各项属性的设置。

4.2.2　颜色的设置

AutoCAD 绘制的图形对象都具有一定的颜色，为使绘制的图形清晰明了，可把同一类的图形对象用相同的颜色绘制，而使不同类的对象具有不同的颜色以示区分。为此，需要适当地对颜色进行设置。AutoCAD 允许用户为图层设置颜色，为新建的图形对象设置当前颜色，还可以改变已有图形对象的颜色。执行"颜色"命令，主要有如下两种调用方法：

第一种方法：在命令行中输入"COLOR"命令。

第二种方法：选择菜单栏中的"格式"→"颜色"命令。

执行上述操作后，打开如图 4-8 所示的"选择颜色"对话框。也可在图层操作中打开此对话框，对话框中各选项卡的含义如下：

"索引颜色"选项卡：打开此选项卡，可以在系统所提供的 255 色索引表中选择所需要的颜色，如图 4-8 所示。

"颜色"文本框：所选择的颜色的代号值显示在"颜色"文本框中，也可以直接在该文本框中输入自己设定的代号值来选择颜色。

ByLayer 和 ByBlock 按钮：单击这两个按钮，颜色分别按图层和图块设置。这两个按钮只有在设定了图层颜色和图块颜色后才可用。

"真彩色"选项卡：打开此选项卡，可以选择需要的任意颜色，如图 4-11 所示。用户可以拖动调色板中的颜色指示光标和"亮度"滑块选择颜色及其亮度。也可以通过"色调""饱和度"和"亮度"调节钮来选择需要的颜色。所选择颜色的红、绿、蓝值显示在下面的"颜色"文本框中，也可以直接在该文本框中输入自己设定的红、绿、蓝值来选择颜色。在此选项卡的右边，有一个"颜色模式"下拉列表框，默认的颜色模式为 HSL 模式，即如图 4-11 所示的模式。如果选择 RGB 模式，则如图 4-12 所示。

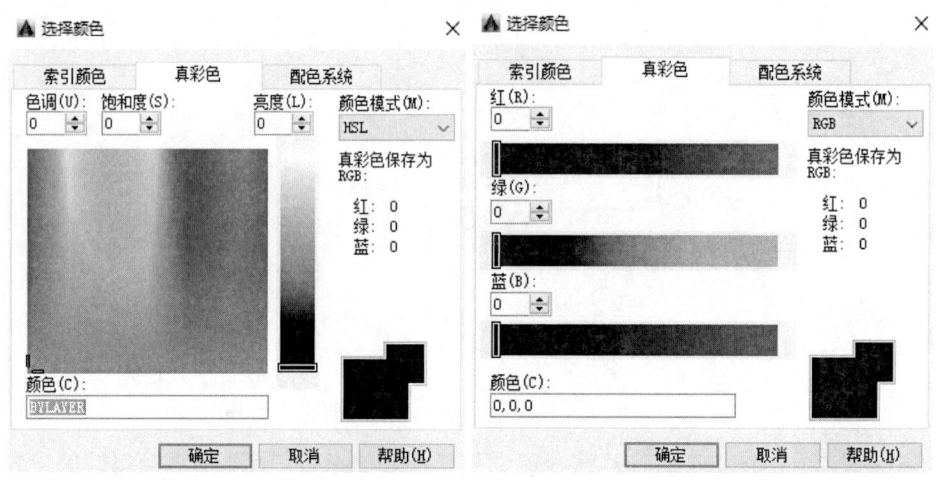

图 4-11　"真彩色"选项卡　　　　图 4-12　"RGB"模式

"配色系统"选项卡：选择该选项卡，可以从标准配色系统中选择预定义的颜色，如图 4-13 所示。可以在"配色系统"下拉列表框中选择需要的系统，然后拖动右边的滑块来选择具体的颜色，所选择的颜色编号显示在下面的"颜色"文本框中，也可以直接在该文本框中输入编号值来选择颜色。

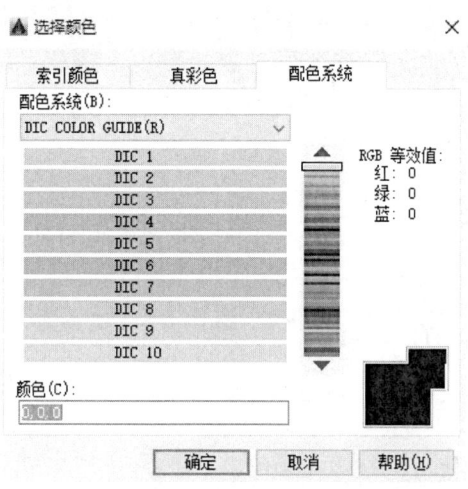

图 4-13　"配色系统"选项卡

4.2.3 线型的设置

按国家标准要求,在地形绘图中,不同地物的符号使用不同的线型表示,对于 AutoCAD 系统中已有的线型可以加载直接调用,用户也可以自己定制需要的地形图线型。

4.2.3.1 在"图层特性管理器"对话框中设置线型

按照 4.2.1 节讲述的方法,打开"图层特性管理器"选项板,在图层列表的线型项下单击线型名,系统会打开"选择线型"对话框,如图 4-9 所示,该对话框中主要选项的说明如下:

"已加载的线型"列表框:显示在当前绘图中已加载的线型,可供用户选用,其右侧显示出线型的形式。

"加载"按钮:单击该按钮,打开"加载或重载线型"对话框,如图 4-14 所示,用户可通过该对话框加载线型并将其添加到线型列表中,加载的线型必须在线型库(LIN)文件中定义过。标准线型都保存在 acad.lin 文件中。

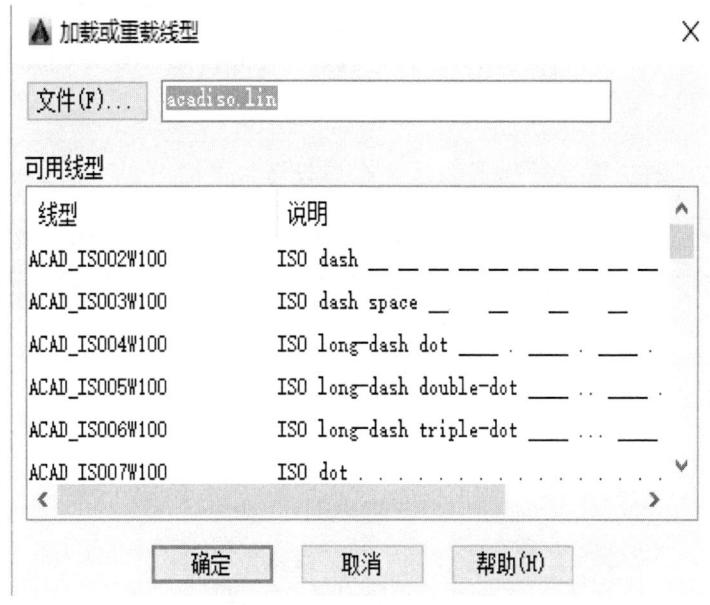

图 4-14 "加载线型"对话框

4.2.3.2 直接设置线型

用户也可以直接设置线型,方法是在命令行中输入"LINETYPE"命令。

输入上述命令后,系统打开"线型管理器"对话框,如图 4-15 所示。该对话框各选项与前面介绍的相关知识相同。

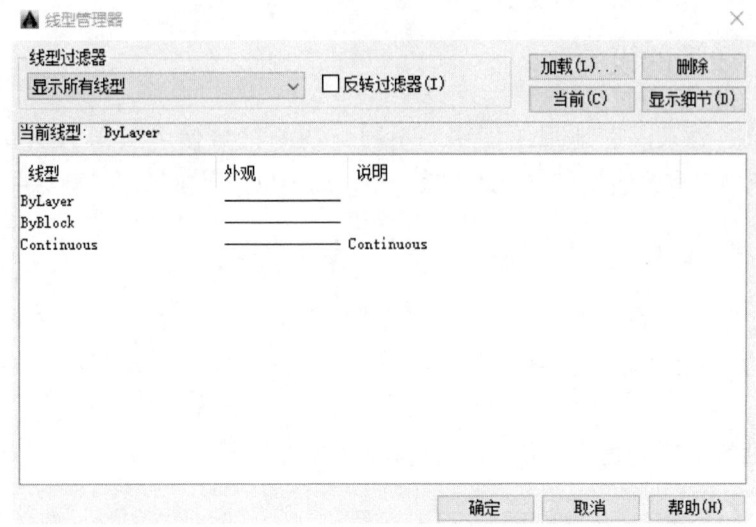

图 4-15 "线型管理器"对话框

4.2.4 线宽的设置

在国家制图标准中，不同对象有不同的线宽。AutoCAD 提供了相应的工具帮助用户来设置线宽。

4.2.4.1 在"图层特性管理器"对话框中设置线宽

按照 4.2.1 节讲述的方法，打开"图层特性管理器"选项板，如图 4-5 所示。单击所选图层的"线宽"选项，打开"线宽"对话框，如图 4-10 所示，其中列出了 AutoCAD 设定的线宽，用户可从中选取。

4.2.4.2 直接设置线宽

用户也可以直接设置线宽。完成该操作，主要有如下两种方法：

第一种方法：在命令行中输入"LINEWEIGHT"命令。

第二种方法：选择菜单栏中的"格式"→"线宽"命令。

在命令行中输入上述命令后，系统打开"线宽"对话框，如图 4-10 所示。该对话框各选项的操作与前面知识相同，不再赘述。

当用户设置了线宽，但在图形中显示不出效果，出现这种情况一般有两种原因：(1) 没有打开状态栏上的"显示线宽"按钮；(2) 线宽设置的宽度不够，AutoCAD 只能显示出 0.30mm 以上的线宽宽度，如果宽度低于 0.30mm，就无法显示出线宽的效果。

4.3 对象特性

绘制的每个对象都具有特性。对象特性包含常规特性和几何特性。对象的常规特性包括对象的颜色、线型、图层及线宽等，几何特性包括对象的尺寸和位置。用户可以直接在"特性"窗口中设置和修改对象的这些特性。大多数基本特性可以通过图层指定给对象，也可以直接指定给对象。

4.3.1 对象特性修改

修改对象特性，主要有以下四种方法：
第一种方法：在命令行中输入"DDMODIFY"或"PROPERTIES"命令。
第二种方法：选择菜单栏中的"修改"→"特性"命令。
第三种方法：单击"标准"工具栏中的"特性"按钮 圆。
第四种方法：单击"默认"选项卡"特性"面板中的"对话框启动器"按钮。

执行上述操作后，AutoCAD 打开"特性"对话框，如图 4-16 所示。利用该对话框可以方便地设置或修改对象的各种特性。

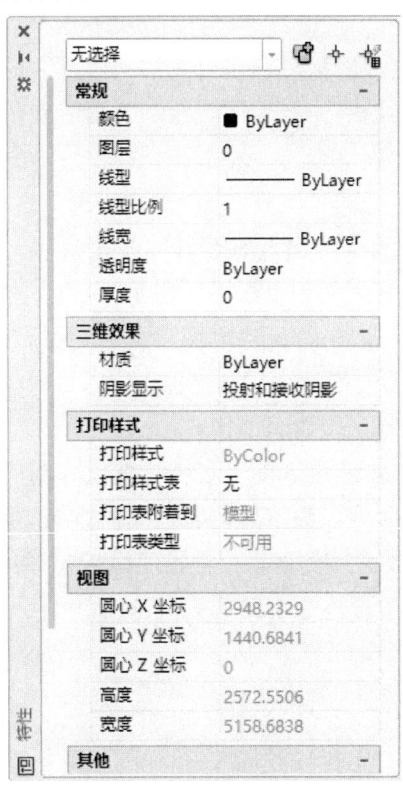

图 4-16 "对象特性"对话框

不同的对象特性种类和值不同，修改属性值，对象改变为新的特性。

4.3.2 对象特性匹配

利用特性匹配功能可将目标对象属性与源对象的属性进行匹配，使目标对象变为与源对象相同。利用特性匹配功能可以方便快捷地修改对象属性，并保持不同对象的属性相同。执行该命令，主要有以下四种方法：

第一种方法：在命令行中输入"MATCHPROP"命令。
第二种方法：选择菜单栏中的"修改"→"特性匹配"命令。
第三种方法：单击"标准"工具栏中的"特性匹配"按钮。
第四种方法：单击"默认"选项卡"特性"面板中的"特性匹配"按钮。
执行上述操作后，根据系统提示选择源对象和目标对象。

4.4 精确绘图辅助工具

4.4.1 栅格和捕捉

4.4.1.1 栅格工具

用户可以应用栅格工具使绘图区域出现可见的网格，这是一个形象的画图工具，就像传统的坐标纸一样，以便绘图时有一个参照，绘制的图形就会相对准确一些。使用栅格工具，主要有如下三种方法：

第一种方法：选择菜单栏中的"工具"→"绘图设置"命令。
第二种方法：单击状态栏中的"显示图形栅格"按钮。
第三种方法：按 F7 键打开或关闭"栅格"功能。

执行上述第一种方法操作后，打开"草图设置"对话框，选择"捕捉和栅格"选项卡，如图 4-17 所示。对话框中主要选项的含义如下：

"启用栅格"复选框：控制是否显示栅格。

"栅格间距"选项组：用来设置栅格在水平与垂直方向的间距。在"栅格 X 轴间距"和"栅格 Y 轴间距"文本框中输入数值时，若在"栅格 X 轴间距"文本框中输入一个数值后按 Enter 键，则 AutoCAD 自动传送这个值给"栅格 Y 轴间距"，这样可减少工作量。

"栅格行为"选项组：设置栅格显示时的有关特性。

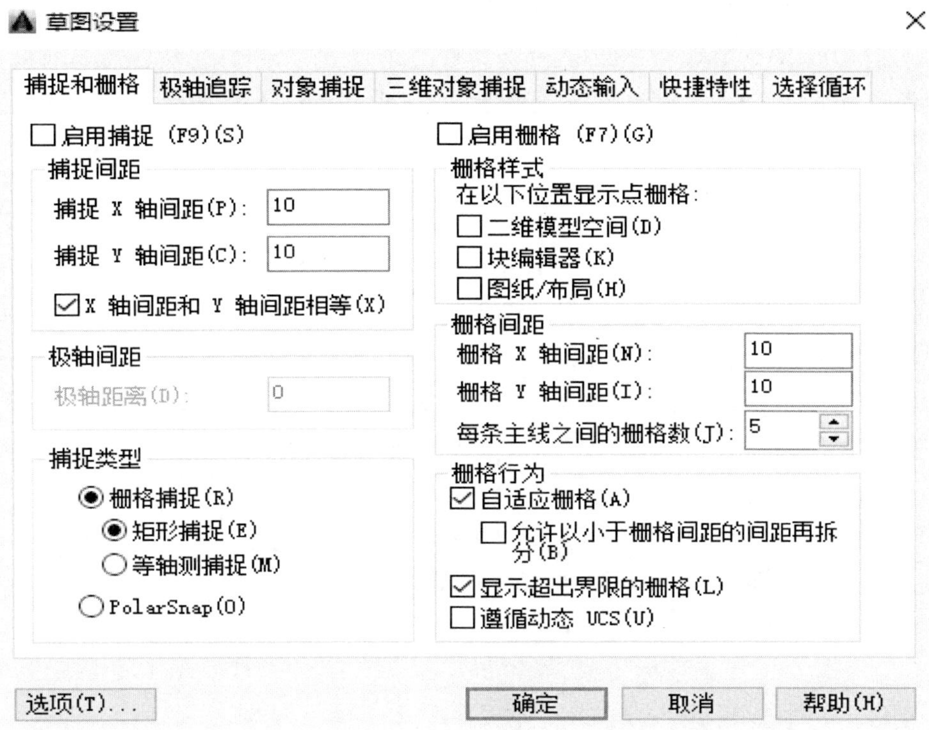

图 4-17 "草图设置"对话框

4.4.1.2 捕捉工具

为了准确地在屏幕上捕捉点，AutoCAD 提供了捕捉工具，可以在屏幕上生成一个隐含的栅格（捕捉栅格），这个栅格能够捕捉光标，约束它只能落在栅格的某一个节点上，使用户能够高精度地捕捉和选择这个栅格上的点。使用捕捉工具，主要有如下三种方法：

第一种方法：选择菜单栏中的"工具"→"绘图设置"命令。

第二种方法：单击状态栏中的"捕捉模式"按钮 。

第三种方法：按 F9 键打开或关闭"捕捉模式"功能。

执行上述第一种方法操作后，打开"草图设置"对话框，选择其中的"捕捉和栅格"选项卡，如图 4-17 所示。对话框中各选项组的含义如下：

"启用捕捉"复选框：控制捕捉功能的开关，与 F9 快捷键或状态栏上的"捕捉"按钮功能相同。

"捕捉间距"选项组：设置各捕捉参数。其中，"捕捉 X 轴间距"与"捕捉 Y 轴间距"确定捕捉栅格点在水平和垂直两个方向上的间距。

"捕捉类型"选项组：确定捕捉类型和样式。AutoCAD 提供了"栅格捕捉"和"PolarSnap（极轴捕捉）"两种捕捉栅格的方式。"栅格捕捉"是指按正交位置捕捉位置点，而"极轴捕捉"则可以根据设置的任意极轴角捕捉位置点。其中，"栅格捕捉"又分为"矩形捕捉"和"等轴测捕捉"两种方式。在"矩形捕捉"方式下捕捉栅格是标准的矩形，在

"等轴测捕捉"方式下捕捉栅格和光标十字线不再互相垂直,而是成绘制等轴测图时的特定角度,这种方式对于绘制等轴测图是十分方便的。

"极轴间距"选项组:该选项组只有在选择"PolarSnap(极轴捕捉)"类型时才可用。可在"极轴距离"文本框中输入距离值。

4.4.2 正交模式

在用 AutoCAD 绘图的过程中,经常需要绘制水平直线和垂直直线,但是用鼠标拾取线段的端点时很难保证两个点严格沿水平或垂直方向。为此,AutoCAD 提供了正交功能,当启用正交模式时,画线或移动对象时只能沿水平方向或垂直方向移动光标,因此只能画平行于坐标轴的正交线段。启动正交模式,主要有如下三种方法:

第一种方法:在命令行中输入"ORTHO"命令。
第二种方法:单击状态栏中的"正交"按钮 ㄴ。
第三种方法:按 F8 键打开或关闭"正交"功能。
执行上述操作后,根据系统提示设置开或关。

4.4.3 对象捕捉

在利用 AutoCAD 画图时经常要用到一些特殊的点,例如圆心、切点、线段或圆弧的端点、中点等,但是如果用鼠标拾取,要准确地找到这些点是十分困难的。为此,AutoCAD 提供了一些识别这些点的工具,通过这些工具可轻松地找到需要的点,使创建的对象更精确,其结果比传统手工绘图更准确、更容易维护。

4.4.3.1 特殊位置点捕捉

在绘制 AutoCAD 图形时,有时需要指定一些特殊位置的点,例如圆心、端点、中点等,这些点如表 4-1 所示。可以通过对象捕捉功能来捕捉这些点。

表 4-1 特殊位置点捕捉

名称	命令	含义
临时追踪点	TT	建立临时追踪点
两点之间中点	M2P	捕捉两个独立点之间的中点
捕捉自	FRO	与其他捕捉方式配合使用建立一个临时参考点,作为指出后继点的基点
端点	END	线段或圆弧的端点
中点	MID	线段或圆弧的中点
交点	INT	线、圆弧或圆等的交点
外观交点	APP	图形对象在视图平面上的交点

续表

延长线	EXT	指定对象的延伸线上的点
圆心	CET	圆或圆弧的圆心
象限点	QUA	圆周上 0°、90°、180°、270°位置点
切点	TAN	最后生成的一个点到选中圆或圆弧上引切线的切点位置
垂足	PER	在线段、圆、圆弧或其延长线上捕捉一个点，使最后生成的对象线与原对象正交
平行线	PAR	指定与对象平行的图形对象上的点
节点	NOD	捕捉用 Point 或 DIVIDE 等命令生成的点
插入点	INS	文本对象和图块的插入点
最近点	NEA	离拾取点最近的线段、圆、圆弧等对象上的点
无	NON	取消对象捕捉
对象捕捉设置	OSNAP	设置对象捕捉

AutoCAD 提供了命令、工具栏和快捷菜单三种执行特殊点对象捕捉的方法。

第一种方法：在命令行中输入相应特殊位置点命令，如表 4-1 所示，然后根据提示操作即可。

第二种方法：使用"对象捕捉"工具栏可以使用户更方便地实现捕捉点的目的。当命令行提示输入一点时，单击"对象捕捉"工具栏上相应的按钮。当把鼠标指针放在某一图标上时，会显示出该图标功能的提示，然后根据提示操作即可，如图 4-18a、b 所示。

第三种方法：可通过同时按下 Shift 键和鼠标右键来激活菜单中列出的 AutoCAD 提供的对象捕捉模式，如图操作方法与工具栏相似。

图 4-18a "对象捕捉"工具栏

4.4.3.2 对象捕捉设置

在用 AutoCAD 绘图之前，可以根据需要事先设置一些对象捕捉模式，绘图时 AutoCAD 能自动捕捉这些特殊点，从而加快绘图速度，提高绘图质量。执行该命令，主要有如下五种调用方法：

第一种方法：在命令行中输入"DDOSNAP"命令。

第二种方法：选择菜单栏中的"工具"→"绘图设置"命令。

第三种方法：单击工具栏中的"对象捕捉设置"按钮。

第四种方法：单击状态栏中的"对象捕捉"按钮（功能仅限于打开与关闭）。

第五种方法：按快捷键 F3（功能仅限于打开与关闭）。

执行上述操作后，系统打开"草图设置"对话框，在该对话框中选择"对象捕捉"选项卡，如图 4-19 所示。利用该对话框可以对对象捕捉方式进行设置。对话框中主要参数的含义如下：

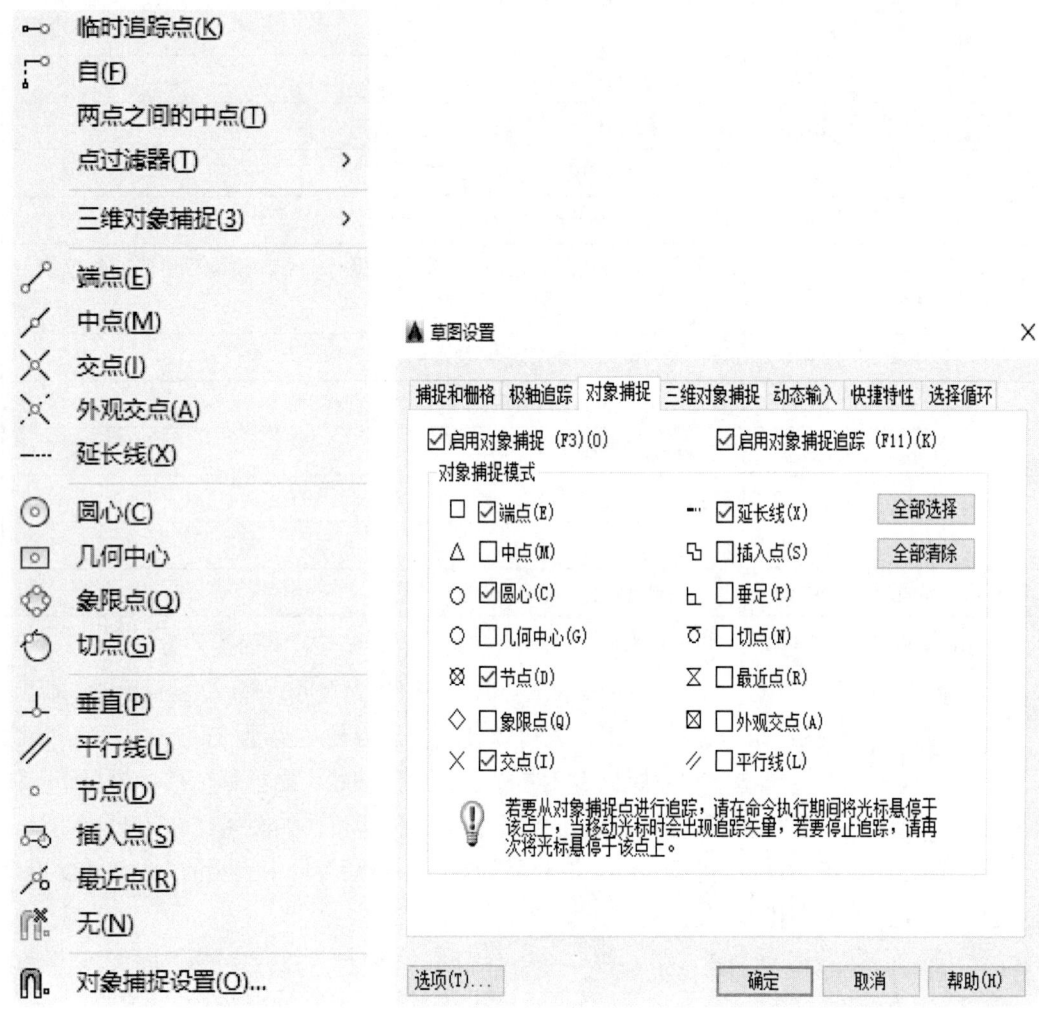

图 4-18b　对象捕捉快捷菜单　　　　图 4-19　"对象捕捉"选项卡

"启用对象捕捉"复选框：打开或关闭对象捕捉模式。当选中该复选框时，在"对象捕捉模式"选项组中选中的捕捉模式处于激活状态。

"启用对象捕捉追踪"复选框：打开或关闭自动追踪功能。

"对象捕捉模式"选项组：在该选项组中列出各种捕捉模式的单选按钮，选中则被激活。单击"全部清除"按钮，则所有模式均被清除。单击"全部选择"按钮，则所有模式均被选中。

4.4.4　对象追踪

对象追踪是指按指定角度或与其他对象的指定关系绘制对象。可以结合对象捕捉功能进行自动追踪，利用自动追踪功能，可以对齐路径，有助于以精确的位置和角度创建对象。自动追踪包括极轴追踪和对象捕捉追踪两种选项。

4.4.4.1 对象捕捉追踪

对象捕捉追踪是指以捕捉到的特殊位置点为基点，按指定的极轴角或极轴角的倍数对齐要指定点的路径。对象捕捉追踪必须配合对象捕捉功能和对象追踪功能一起使用，即同时打开状态栏上的"对象捕捉"开关和"对象追踪"开关。执行该命令，主要有如下六种调用方法：

第一种方法：在命令行中输入"DDOSNAP"命令。
第二种方法：选择菜单栏中的"工具"→"绘图设置"命令。
第三种方法：单击工具栏中的"对象捕捉设置"按钮 。
第四种方法：打开状态栏中的"对象捕捉"按钮和"对象追踪"按钮。
第五种方法：按快捷键 F11。
第六种方法：在快捷菜单中选择"对象捕捉设置"命令。

执行上述操作后，系统打开"草图设置"对话框的"对象捕捉"选项卡，选中"启用对象捕捉追踪"复选框，即完成了对象捕捉追踪设置。

4.4.4.2 极轴追踪

极轴追踪是指按指定的极轴角或极轴角的倍数对齐要指定点的路径。"极轴追踪"必须配合极轴功能和对象追踪功能一起使用，即同时打开状态栏上的"极轴"开关和"对象追踪"开关，执行该命令，主要有如下六种调用方法：

第一种方法：在命令行中输入"DDOSNAP"命令。
第二种方法：选择菜单栏中的"工具"→"绘图设置"命令。
第三种方法：单击工具栏中的"对象捕捉设置"按钮 。
第四种方法：打开状态栏中的"极轴追踪"按钮。
第五种方法：按快捷键 F10。
第六种方法：在快捷菜单中选择"极轴追踪设置"命令。

执行上述操作后，系统打开如图 4-20 所示的"草图设置"对话框的"极轴追踪"选项卡，其中各选项的功能介绍如下：

"启用极轴追踪"复选框：选中该复选框，即启用极轴追踪功能。

"极轴角设置"选项组：设置极轴角的值。可以在"增量角"下拉列表框中选择一种角度值。也可选中"附加角"复选框，单击"新建"按钮设置任意附加角，系统在进行极轴追踪时，同时追踪增量角和附加角，可以设置多个附加角。

"对象捕捉追踪设置"和"极轴角测量"选项组：按界面提示设置相应的单选选项。

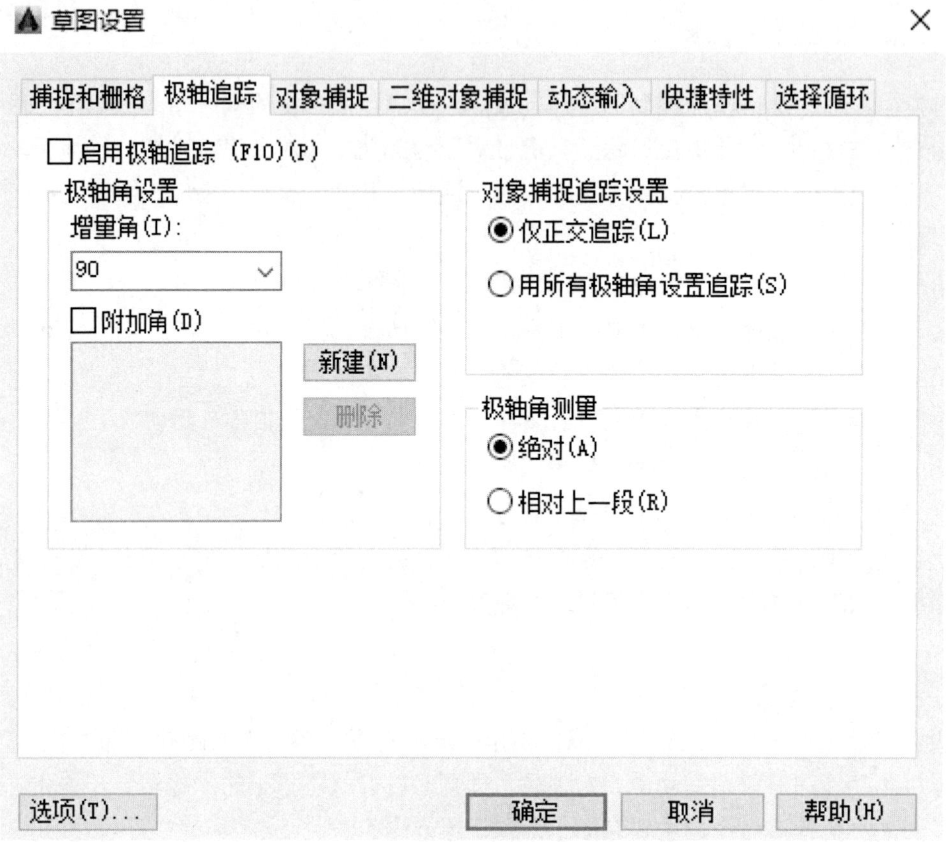

图 4-20 "极轴追踪"选项卡

4.4.5 动态输入

动态输入功能可以在绘图时直接动态地输入绘制对象的各种参数,使绘图变得直观简捷,执行该命令,主要有如下六种调用方法:

第一种方法:在命令行中输入"DSETTINGS"命令。
第二种方法:选择菜单栏中的"工具"→"绘图设置"命令。
第三种方法:单击工具栏中的"对象捕捉设置"按钮 。
第四种方法:打开状态栏中的"动态输入"按钮(仅限于打开与关闭)。
第五种方法:按快捷键 F12(仅限于打开与关闭)。
第六种方法:在快捷菜单中选择"对象捕捉设置"命令。

执行上述操作后,系统打开如图 4-21 所示的"草图设置"对话框的"动态输入"选项卡。其中"指针输入"选项功能介绍如下:

"启用指针输入"复选框:打开动态输入的指针输入功能。

"设置"按钮:单击该按钮,打开"指针输入设置"对话框,如图 4-22 所示。可以设置指针输入的格式和可见性。

第 4 章　定义绘图环境

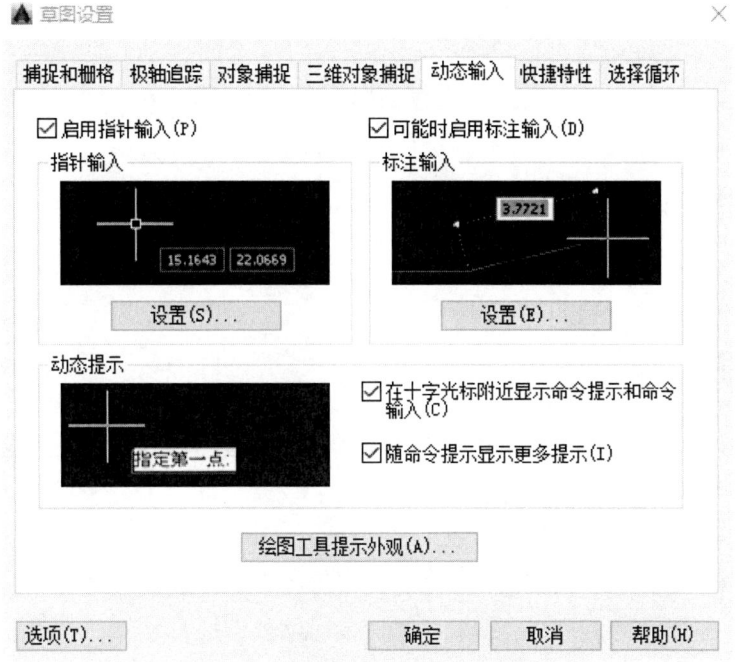

图 4-21　"动态输入"选项卡

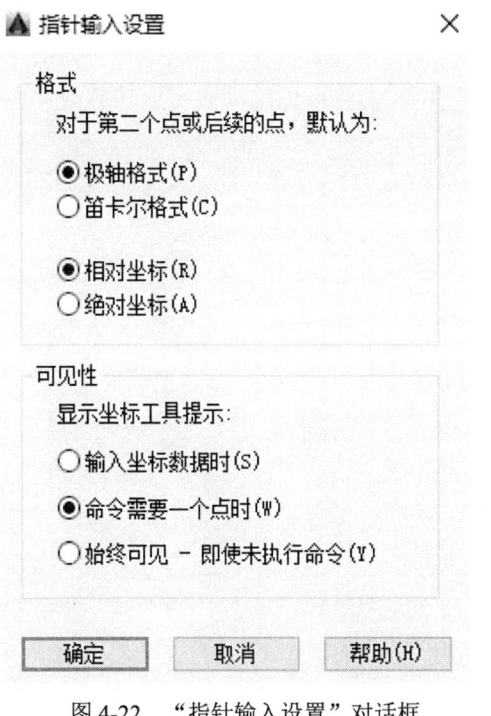

图 4-22　"指针输入设置"对话框

4.5 控制图形显示

4.5.1 图形缩放

AutoCAD 为了能根据用户的需要迅速地缩放图形,设置了各种缩放工具,这里只介绍最常用的两种。

4.5.1.1 实时缩放

利用实时缩放,用户可以通过垂直向上或向下移动鼠标的方式来放大或缩小图形。实时缩放命令主要有以下五种调用方法:

第一种方法:在命令行中输入"ZOOM"命令。

第二种方法:选择菜单栏中的"视图"→"缩放"→"实时"命令。

第三种方法:单击"标准"工具栏中的"实时缩放"按钮。

第四种方法:单击"视图"选项卡"导航"面板"范围"下拉菜单中的"实时"按钮。

第五种方法:向上或向下转动鼠标中键。

4.5.1.2 动态缩放

如果打开"快速缩放"功能,就可以用动态缩放功能改变图形显示而不产生重新生成的效果。动态缩放会在当前视区中显示全部图形。动态缩放命令主要有以下四种调用方法:

第一种方法:在命令行中输入"ZOOM"命令。

第二种方法:选择菜单栏中的"视图"→"缩放"→"动态"命令。

第三种方法:单击"缩放"工具栏中的"动态缩放"按钮。

第四种方法:单击"视图"选项卡"导航"面板"范围"下拉菜单中的"动态"按钮。

执行上述操作后,根据系统提示输入"D",系统则弹出一个图框。选择动态缩放前图形区呈绿色的点线框,如果要使动态缩放的图形显示范围与选择的动态缩放前的范围相同,则此绿色点线框与白线框重合不可见。重生成区域的四周有一个蓝色虚线框,用以标记虚拟图纸,此时,如果线框中有一个"×"出现,就可以拖动线框,将其平移到另外一个区域。如果要放大图形到不同的倍数,单击一下"×"就会变成一个箭头,这时左右拖动边界线就可以重新确定视区的大小。

另外,缩放命令还有窗口缩放、比例缩放、中心缩放、全部缩放、对象缩放、缩放上一个和最大图形范围缩放功能,其操作方法与动态缩放类似。

4.5.2 图形平移

平移是相对缩放的另一种转换图形显示范围的工具，在绘图过程中也经常用到，下面介绍两种平移的方式。

4.5.2.1 实时平移

利用实时平移，可通过单击或移动鼠标重新放置图形。

实时平移命令主要有以下四种调用方法：

第一种方法：在命令行中输入"PAN"命令。

第二种方法：选择菜单栏中的"视图"→"平移"→"实时"命令。

第三种方法：单击"标准"工具栏中的"实时平移"按钮🖑。

第四种方法：单击"视图"选项卡"导航"面板"平移"按钮🖑。

执行上述操作后，光标变为🖑形状，按住鼠标左键移动手形光标即可平移图形。

另外，在 AutoCAD 2016 中，为显示控制命令设置了一个快捷菜单，如图 4-23 所示。在该菜单中，在命令执行的过程中可以透明地进行切换。

4.5.2.2 定点平移

除了最常用的实时平移命令外，也常用到定点平移命令。该命令主要有如下两种调用方法：

第一种方法：在命令行中输入"PAN"命令。

第二种方法：选择菜单栏中的"视图"→"平移"→"点"命令。

执行上述操作后，根据系统提示指定基点位置或输入位移值，在命令行提示下指定第二点确定位移和方向。另外，在"平移"子菜单中，还有"左""右""上""下"4 个平移命令，如图 4-24 所示。选择这些命令时，图形按指定的方向平移一定的距离。

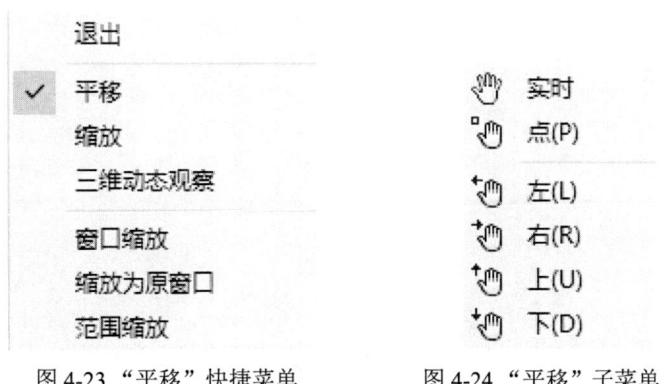

图 4-23 "平移"快捷菜单　　图 4-24 "平移"子菜单

4.5.3 多视口显示

视口是显示用户模型的不同视图的区域，使用平铺视口，即将绘图窗口分成多个相邻的矩形区域，创建多个不同的绘图区域。在大型或复杂的图形中，显示不同的视图可以缩短在单一视图中缩放或平移的时间。创建多个视口主要有如下两种方法：

第一种方法：在命令行中输入"VPORTS"命令。

第二种方法：选择菜单栏中的"视图"→"视口"→"新建"命令。

执行上述操作后，AutoCAD 会弹出"视口"对话框，如图 4-25 所示。在其中选择需要的视口数目和形式。如图 4-26 所示的就是四个相等的视口。在每一个视口中可以对图形进行不同比的缩放和显示不同的内容。

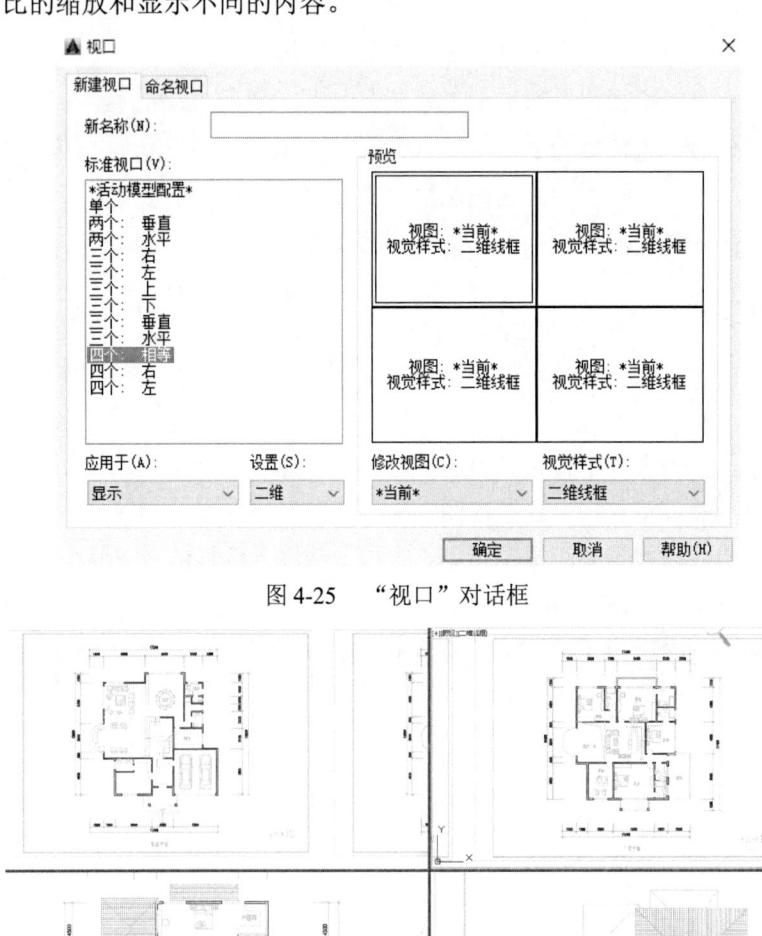

图 4-25 "视口"对话框

图 4-26 四个相等的视口

思考与练习题

1. 如果某图层的对象不能被编辑,但能在屏幕上可见,且能捕捉该对象的特殊点和标注尺寸,该图层状态为（　　）。

   A．冻结

   B．锁定

   C．隐藏

   D．块

2．图层的特性有哪些？如何设置？

3．如需绘制与水平方向成13°的直线,如何设置极轴追踪？

4．绘图环境包括哪些相关设置？

上机训练

1．请按如图 4-27 所示练习图层的设置方法。

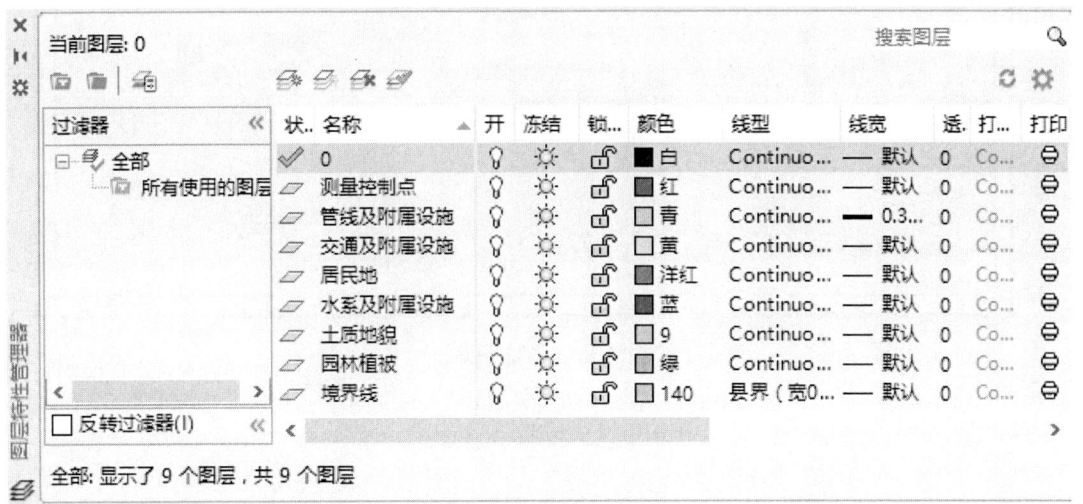

图 4-27　训练图案 5

2．请按如图 4-28 所示练习标准方格网的绘制方法。

说明：内图廓线总长度 500,方格网间距 100,内外图廓线间距 10,内图廓边短线长 5,"十"线长 10,外图廓线宽 0.3。

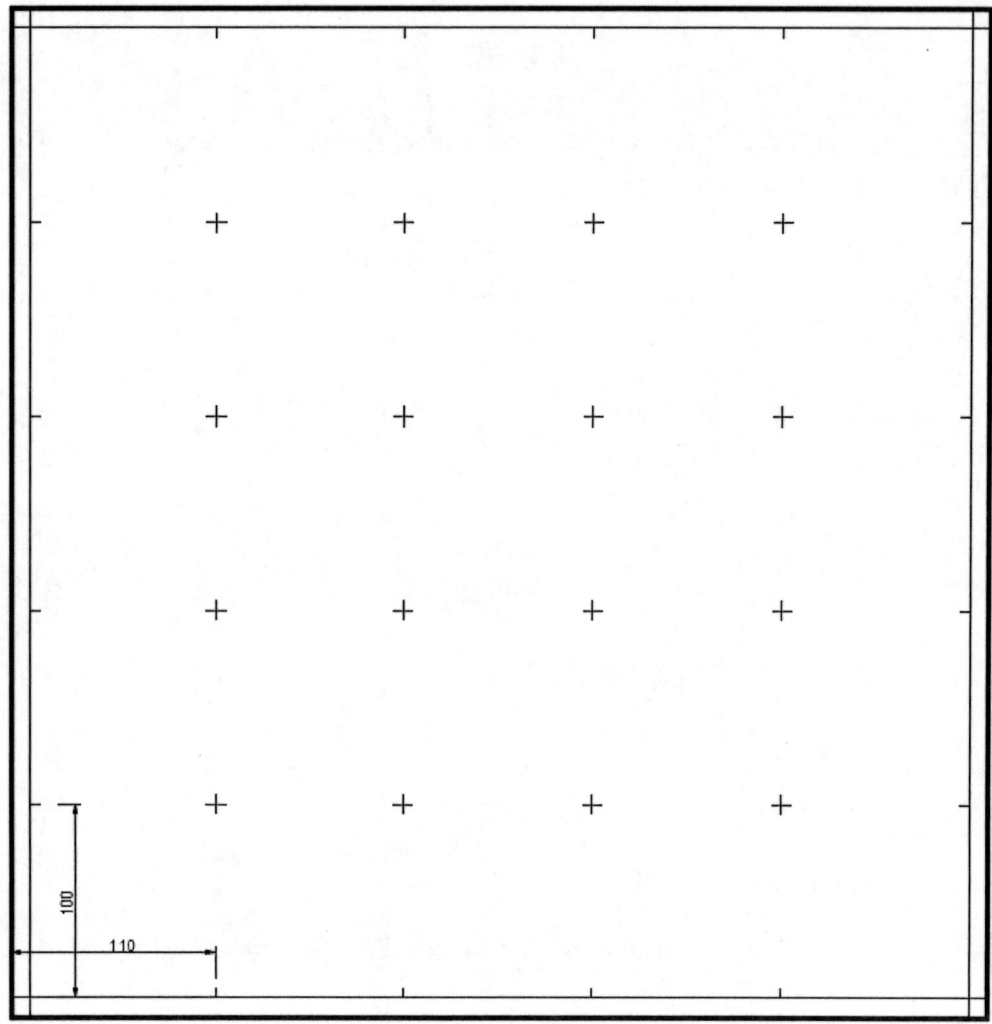

图 4-28 训练图案 6

第 5 章　块、外部参照和设计中心

教学过程设计与建议

课程内容	5.1　图块操作 5.2　外部参照 5.3　设计中心
任务设计	通过制作地形图的图式符号为例，讲解图块的涵义、定义、保存和使用，带属性块和块属性的修改与应用，然后布置地形图图式符号的制作任务与练习。
知识目标	掌握使用 BLOCK 与 WBLOCK 命令创建图块；图块属性的设置、图块的插入，理解图块属性的含义；了解外部参照和设计中心的使用方法。
能力目标	能够应用图块操作将地形图中常用地物符号制作成带有属性信息的图块，保存于计算机硬盘中以供后期使用。
教学重点	应用 BLOCK 命令与 WBLOCK 命令创建图块；图块属性的设置、图块的插入。
教学难点	动态块参数的设置、修改与应用。
授课形式建议	教师演示与学生练习相结合。
教学过程设计	教师演示：选择典型的地图形地物符号→制作成图块→定义图块属性→图块的保存→图块的插入；外部参照与设计中心的应用。
技能训练	学生练习：选择几个地物符号→绘制图形→定义成图块→添加属性→保存图块→插入图块。
考核标准	按照地形图图式中要求的尺寸，绘制出 GPS 控制点、路灯、粮仓、风车等图形符号，定义为带属性的块，根据学生绘图的速度和正确率计入平时考核成绩。

5.1 图块操作

AutoCAD 把一个图块作为一个对象进行编辑修改等操作，可根据绘图需要把图块插入到图中任意指定的位置，而且在插入时还可以指定不同的缩放比例和旋转角度。图块还可以重新定义，一旦被重新定义，整个图中基于该块的对象都将随之改变。

5.1.1 定义图块

在使用图块时，首先要定义图块，图块的定义有如下四种方法：
第一种方法：在命令行中输入"BLOCK"命令。
第二种方法：选择菜单栏中的"绘图"→"块"→"创建"命令。
第三种方法：单击"绘图"工具栏中的"创建块"按钮 。
第四种方法：单击"默认"选项卡"块"面板中的"创建"按钮 或"插入"选项卡"块定义"面板中的"创建块"按钮 。

执行上述操作后，AutoCAD 打开如图 5-1 所示的"块定义"对话框，利用该对话框可定义图块并为之命名。对话框中主要参数的含义如下：

图 5-1 "块定义"对话框

"基点"选项组：确定图块的基点，默认值是（0,0,0）。也可以在下面的 X、Y、Z 文本框中输入块的基点坐标值。单击"拾取点"按钮，AutoCAD 临时切换到作图屏幕，用鼠标在图形中拾取一点后，返回"块定义"对话框，把所拾取的点作为图块的基点。

"对象"选项组：该选项组用于选择制作图块的对象以及对象的相关属性。

"设置"选项组：指定从 AutoCAD 设计中心拖动图块时用于测量图块的单位，以及缩放、分解和超链接等设置。

"在块编辑器中打开"复选框:选中该复选框,系统打开块编辑器,可以定义动态块。

"方式"选项组:该选项组包括 4 个复选框。"注释性"指定块为注释性;"使块方向与布局匹配"指定在图纸空间视口中的块参照的方向与布局的匹配;"按统一比例缩放"指定块参照是否按统一比例缩放;"允许分解"指定块参照是否可以被分解。

5.1.2 图块的保存

用 BLOCK 命令定义的图块保存在其所属的图形当中,此图块只能在该图中插入,而不能插入到其他的图中。但是有些图块在许多图中要经常用到,这时可以用 WBLOCK 命令把图块以图形文件的形式(后缀为 .dwg)写入磁盘,图形文件可以在任意图形中用 INSERT 命令插入。图块的保存方法有如下两种:

第一种方法:在命令行中输入"WBLOCK"命令。

第二种方法:单击"插入"选项卡"块定义"面板中的"写块"按钮 。

执行上述操作后,AutoCAD 打开"写块"对话框,如图 5-2 所示,利用此对话框可以把图形对象保存为图形文件或把图块转成图形文件。对话框中主要参数的含义如下:

"源"选项组:确定要保存图形为图形文件的图块或图形对象。

"块"单选按钮:选中该单选按钮,单击右侧的下拉按钮,在下拉列表中选择一个图块,将其保存为图形文件。

"整个图形"单选按钮:选中该单选按钮,则把当前的整个图形保存为图形文件。

"对象"单选按钮:选中该单选按钮,则把不属于图块的图形对象保存为图形文件。

"目标"选项组:用于指定图形文件的名称、保存路径和插入单位等。

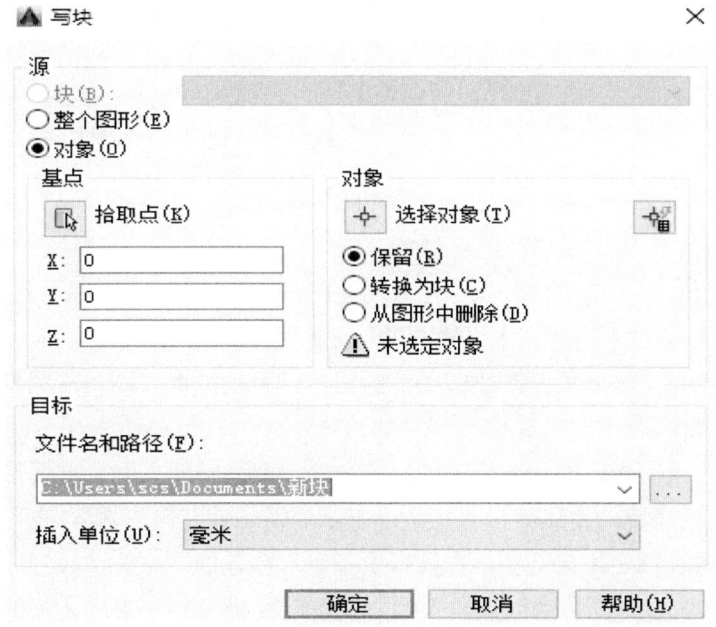

图 5-2 "写块"对话框

5.1.3 图块的插入

在用 AutoCAD 绘图的过程中,可根据需要随时把已经定义好的图块或图形文件插入到当前图形的任意位置,在插入的同时还可以改变图块的大小、旋转一定角度或把图块炸开等。插入图块的方法有多种,执行"块"命令,主要有以下四种调用方法:

第一种方法:在命令行中输入"INSERT"命令。

第二种方法:选择菜单栏中的"插入"→"块"命令。

第三种方法:单击"插入"工具栏中的"插入块"按钮或"绘图"工具栏中的"插入块"按钮。

第四种方法:单击"默认"选项卡"块"面板中的"插入"按钮或"插入"选项卡"块"面板中的"插入"按钮。

执行上述操作后,AutoCAD 打开"插入"对话框,如图 5-3 所示,可以指定要插入的图块及插入位置。对话框中主要参数的说明如下:

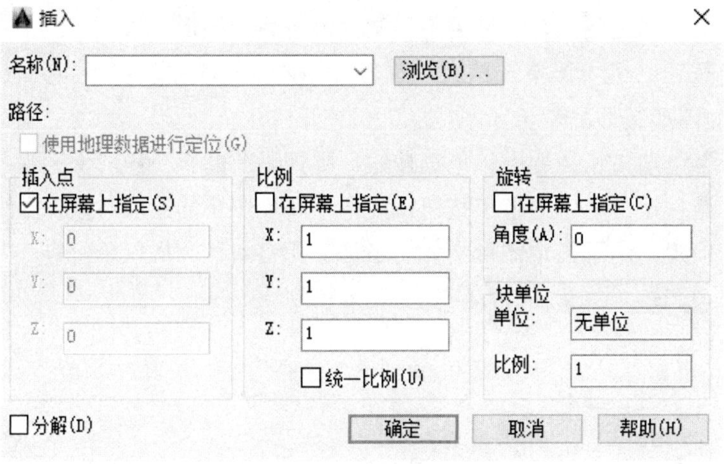

图 5-3 "插入"对话框

"名称"文本框:指定图块的保存路径。

"插入点"选项组:指定插入点,插入图块时该点与图块的基点重合。可以在屏幕上指定该点,也可以通过下面的文本框输入该点坐标值。

"比例"选项组:确定插入图块时的缩放比例。图块被插入到当前图形中时,可以以任意比例放大或缩小。

"旋转"选项组:指定插入图块时的旋转角度。图块被插入到当前图形中时,可以绕其基点旋转一定的角度,角度可以是正数(表示沿逆时针方向旋转),也可以是负数(表示沿顺时针方向旋转)。如果选中"在屏幕上指定"复选框,系统切换到作图屏幕,在屏幕上拾取一点,AutoCAD 自动测量插入点与该点连线和 X 轴正方向之间的夹角,并将其作为块的旋转角。也可以在"角度"文本框中直接输入插入图块时的旋转角度。

"分解"复选框:选中该复选框,则在插入块的同时将其炸开,插入到图形中的组成块的对象不再是一个整体,可对每个对象单独进行编辑操作。

5.1.4 动态块

使用块可以方便地在图形中插入相同或相似图形。使用块的时候也会存在一些问题。例如,创建一个"宗地图框"块以后,可以在需要该宗地图的地方直接插入。但不同的图形中,宗地图框的大小可能不相同,当需要其他规格的宗地图框时,就无法使用该块。如果为每一种规格的宗地图框都制作一个块,操作起来非常麻烦。AutoCAD 2016 为广大用户提供了创建动态块的功能,为块的各个参数添加动态元素。只要用户灵活地给块中各元素添加合适参数及相应的动作,就可以有各种规格的宗地图框块了,动态块使用起来更加方便、灵活。

用户可以使用块编辑器创建动态块。块编辑器有一个专门的编写区域,用于添加能够使块成为动态块的元素。用户可以从头创建块,也可以向现有的块定义中添加动态行为,还可以像在绘图区域中一样创建几何图形。块编辑器命令的调用方法有如下五种:

第一种方法:在命令行中输入"BEDIT"命令。
第二种方法:选择菜单栏中的"工具"→"块编辑器"命令。
第三种方法:单击"标准"工具栏中的"块编辑器"按钮。
第四种方法:在快捷菜单中选择"块编辑器"命令。
第五种方法:单击"插入"选项卡"块定义"面板中的"块编辑器"按钮。

执行上述操作后,系统打开"编辑块定义"对话框,如图 5-4 所示,在"要创建或编辑的块"文本框中输入块名或在列表框中选择已定义的块或当前图形。确认后,系统打开块编写选项板和"块编辑器"工具栏,如图 5-5 所示。

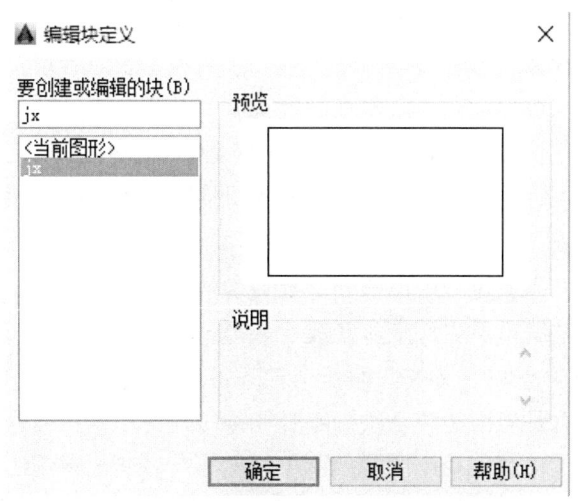

图 5-4 "编辑块定义"对话框

块编写选项板有四个选项卡,其含义如下:

(1)"参数"选项卡：提供用于向块编辑器的动态块定义中添加参数的工具。参数用于指定几何图形在块参照中的位置、距离和角度。将参数添加到动态块定义中时，该参数将定义块的一个或多个自定义特性。该选项卡也可以通过命令 BPARAMETER 来打开。

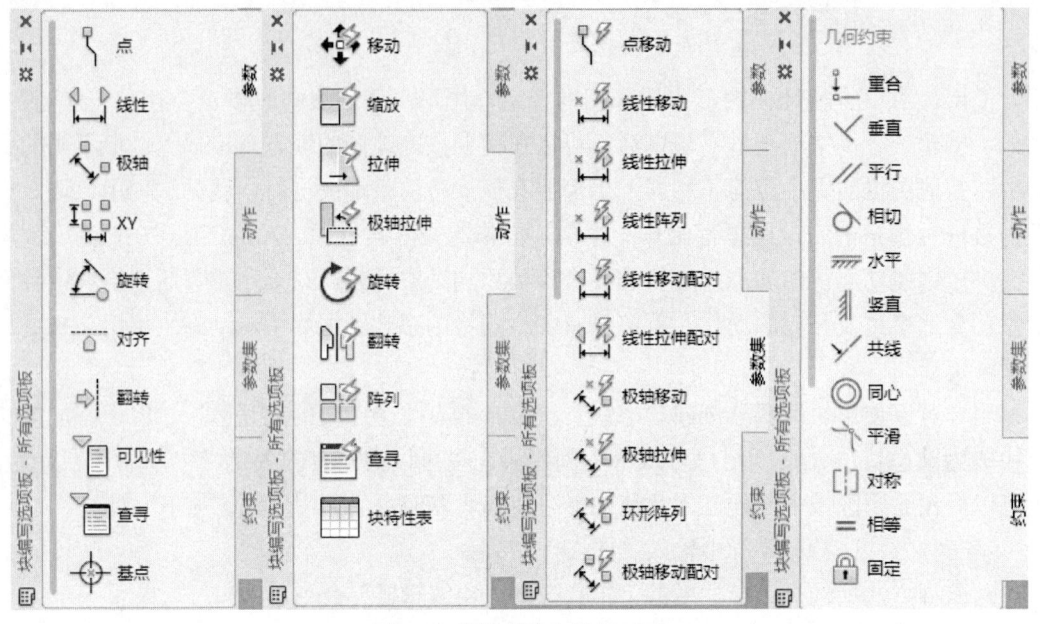

图 5-5　块编辑状态绘图平面

点参数：可向动态块定义中添加一个点参数，并为块参照定义 X 和 Y 特性。点参数定义图形中的 X 和 Y 位置。在块编辑器中，点参数类似于一个坐标标注。

线性参数：可向动态块定义中添加一个线性参数，并为块参照定义距离特性。线性参数显示两个目标点之间的距离，限制沿预设角度进行的夹点移动。在块编辑器中，线性参数类似于对齐标注。

极轴参数：可向动态块定义中添加一个极轴参数，并为块参照定义距离和角度特性。极轴参数显示两个目标点之间的距离和角度值。可以使用夹点和"特性"选项板来共同更改距离值和角度值。在块编辑器中，极轴参数类似于对齐标注。

XY 参数：可向动态块定义中添加一个 XY 参数，并为块参照定义水平距离和垂直距离特性。XY 参数显示距参数基点的 X 距离和 Y 距离。在块编辑器中，XY 参数显示为一对标注（水平标注和垂直标注），这一对标注共享一个公共基点。

旋转参数：可向动态块定义中添加一个旋转参数，并为块参照定义角度特性。旋转参数用于定义角度。在块编辑器中，旋转参数显示为一个圆。

对齐参数：可向动态块定义中添加一个对齐参数。对齐参数用于定义 X 位置、Y 位置和角度。对齐参数总是应用于整个块，并且无须与任何动作相关联。对齐参数允许块自动围绕一个点旋转，以便与图形中的其他对象对齐。对齐参数影响块的角度特性。在块编辑器中，对齐参数类似于对齐线。

翻转参数：可向动态块定义中添加一个翻转参数，并为块参照定义翻转特性。翻转参数用于翻转对象。在块编辑器中，翻转参数显示为投影线。可以围绕这条投影线翻转对象。翻转参数将显示一个值，该值显示块参照是否已被翻转。

可见性参数：可向动态块定义中添加一个可见性参数，并为块参照定义可见性特性。通过可见性参数，用户可创建可见性状态并控制块中对象的可见性。可见性参数总是应用于整个块，并且无须与任何动作相关联。在图形中单击夹点可以显示块参照中所有可见性状态的列表。在块编辑器中，可见性参数显示为带有关联夹点的文字。

查寻参数：可向动态块定义中添加一个查寻参数，并为块参照定义查寻特性。查寻参数用于定义自定义特性，用户可以指定或设置该特性，以便从定义的列表或表格中计算出某个值。该参数可以与单个查寻夹点相关联。在块参照中单击该夹点可以显示可用值的列表。在块编辑器中，查寻参数显示为文字。

基点参数：可向动态块定义中添加一个基点参数。基点参数用于定义动态块参照相对于块中的几何图形的基点。基点参数无法与任何动作相关联，但可以属于某个动作的选择集。在块编辑器中，基点参数显示为带有十字光标的圆。

（2）"动作"选项卡：提供用于向块编辑器中的动态块定义中添加动作的工具。动作定义了在图形中操作块参照的自定义特性时，动态块参照的几何图形将如何移动或变化。应将动作与参数相关联。该选项卡也可以通过命令 BACTIONTOOL 来打开。

移动动作：可在用户将移动动作与点参数、线性参数、极轴参数或 XY 参数相关联时，将该动作添加到动态块定义中。移动动作类似于 MOVE 命令。在动态块参照中，移动动作将使对象移动指定的距离和角度。

缩放动作：可在用户将缩放动作与线性参数、极轴参数或 XY 参数相关联时，将该动作添加到动态块定义中。缩放动作类似于 SCALE 命令。在动态块参照中，当通过移动夹点或使用"特性"选项板编辑关联的参数时，缩放动作将使其选择集发生缩放。

拉伸动作：可在用户将拉伸动作与点参数、线性参数、极轴参数或 XY 参数相关联时，将该动作添加到动态块定义中。拉伸动作将使对象在指定的位置移动和拉伸指定的距离。

极轴拉伸动作：可在用户将极轴拉伸动作与极轴参数相关联时，将该动作添加到动态块定义中。当通过夹点或"特性"选项板更改关联的极轴参数上的关键点时，极轴拉伸动作将使对象旋转、移动和拉伸指定的角度和距离。

旋转动作：可在用户将旋转动作与旋转参数相关联时，将该动作添加到动态块定义中。旋转动作类似于 ROTATE 命令。在动态块参照中，当通过夹点或"特性"选项板编辑相关联的参数时，旋转动作将使其相关联的对象进行旋转。

翻转动作：可在用户将翻转动作与翻转参数相关联时，将该动作添加到动态块定义中。使翻转动作可以围绕指定的轴（称为投影线）翻转动态块参照。

阵列动作：可在用户将阵列动作与线性参数、极轴参数或 XY 参数相关联时，将该动作添加到动态块定义中。通过夹点或"特性"选项板编辑关联的参数时，阵列动作将复制关联的对象并按矩形的方式进行阵列。

查寻动作：可向动态块定义中添加一个查寻动作。向动态块定义中添加查寻动作并将其与查寻参数相关联后，将创建查寻表。可以使用查寻表将自定义特性和值指定给动态块。

（3）"参数集"选项卡：提供用于在块编辑器中向动态块定义中添加一个参数和至少一个动作的工具。将参数集添加到动态块中时，动作将自动与参数相关联。将参数集添加到动态块中后，请双击黄色警示图标（或使用 BACTIONSET 命令），然后按照命令行上的提示将动作与几何图形选择集相关联。该选项卡也可以通过 BPARAMETER 命令打开。

点移动：可向动态块定义中添加一个点参数。系统会自动添加与该点参数相关联的移动动作。

线性移动：可向动态块定义中添加一个线性参数。系统会自动添加与该线性参数的端点相关联的移动动作。

线性拉伸：可向动态块定义中添加一个线性参数。系统会自动添加与该线性参数相关联的拉伸动作。

线性阵列：可向动态块定义中添加一个线性参数。系统会自动添加与该线性参数相关联的阵列动作。

线性移动配对：可向动态块定义中添加一个线性参数。系统会自动添加两个移动动作，一个与基点相关联，另一个与线性参数的端点相关联。

极轴移动：可向动态块定义中添加一个极轴参数。系统会自动添加与该极轴参数相关联的移动动作。

极轴拉伸：可向动态块定义中添加一个极轴参数。系统会自动添加与该极轴参数相关联的拉伸动作。

环形阵列：可向动态块定义中添加一个极轴参数。系统会自动添加与该极轴参数相关联的阵列动作。

极轴移动配对：可向动态块定义中添加一个极轴参数。系统会自动添加两个移动动作，一个与基点相关联，另一个与极轴参数的端点相关联。

极轴拉伸配对：可向动态块定义中添加一个极轴参数。系统会自动添加两个拉伸动作，一个与基点相关联，另一个与极轴参数的端点相关联。

XY 移动：可向动态块定义中添加一个 XY 参数。系统会自动添加与 XY 参数的端点相关联的移动动作。

XY 移动配对：可向动态块定义中添加一个 XY 参数。系统会自动添加两个移动动作，一个与基点相关联，另一个与 XY 参数的端点相关联。

XY 移动方格集：运行 BPARAMETER 命令，然后指定 4 个夹点并选择"XY 参数"选项，可向动态块定义中添加一个 XY 参数。系统会自动添加 4 个移动动作，分别与 XY 参数上的 4 个关键点相关联。

XY 拉伸方格集：可向动态块定义中添加一个 XY 参数。系统会自动添加 4 个拉伸动作，分别与 XY 参数上的 4 个关键点相关联。

XY 阵列方格集：可向动态块定义中添加一个 XY 参数。系统会自动添加与该 XY 参数相关联的阵列动作。

旋转集：可向动态块定义中添加一个旋转参数。系统会自动添加与该旋转参数相关联的旋转动作。

翻转集：可向动态块定义中添加一个翻转参数。系统会自动添加与该翻转参数相关联的翻转动作。

可见性集：可向动态块定义中添加一个可见性参数并允许定义可见性状态。无须添加与可见性参数相关联的动作。

查寻集：可向动态块定义中添加一个查寻参数。系统会自动添加与该查寻参数相关联的查寻动作。

（4）"约束"选项卡：提供用于将几何约束和约束参数应用于对象的工具。将几何约束应用于一对对象时，选择对象的顺序以及选择每个对象的点可能影响对象相对于彼此的放置方式。

① 几何约束：

重合约束：可同时将两个点或一个点约束至曲线（或曲线的延伸线）。对象上的任意约束点均可以与其他对象上的任意约束点重合。

垂直约束：可使选定直线垂直于另一条直线。垂直约束在两个对象之间应用。

平行约束：可使选定直线位于彼此平行的位置。平行约束在两个对象之间应用。

相切约束：可使曲线与其他曲线相切。相切约束在两个对象之间应用。

水平约束：可使直线或点位于与当前坐标系的 X 轴平行的位置。

竖直约束：可使直线或点位于与当前坐标系的 Y 轴平行的位置。

共线约束：可使两条直线段沿同一条直线的方向。

同心约束：可将两条圆弧、圆或椭圆约束到同一个中心点。

平滑约束：可在共享一个重合端点的两条样条曲线之间创建曲率连续条件。

对称约束：可使选定的直线或圆受相对于选定直线的对称约束。

相等约束：可将选定圆弧和圆的尺寸重新调整为半径相同，或将选定直线的尺寸重新调整为长度相同。

固定约束：可锁定点或曲线的位置。

② 约束参数：

对齐约束：可约束直线的长度或两条直线之间、对象上的点和直线之间或不同对象上的两个点之间的距离。

水平约束：可约束直线或不同对象上的两个点之间的 X 距离。有效对象包括直线段和多段线线段。

竖直约束：可约束直线或不同对象上的两个点之间的 Y 距离。有效对象包括直线段和多段线线段。

角度约束：可约束两条直线段或多段线线段之间的角度，这与角度标注类似。

半径约束：可约束圆、圆弧或多段圆弧段的半径。

直径约束：可约束圆、圆弧或多段圆弧段的直径。

（5）"块编辑器"选项卡：该工具栏提供了在块编辑器中使用、创建动态块以及设置可见性状态的工具，如图 5-6 所示。

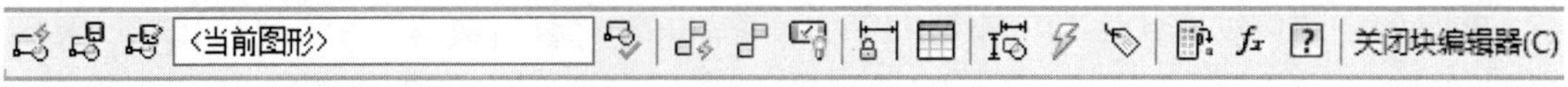

图 5-6　"块编辑器"选项卡

"编辑块"按钮：显示"编辑块定义"对话框。

"保存块"按钮：保存当前块定义。

"将块另存为"按钮：显示"将块另存为"对话框，可以在其中用一个新名称保存当前块定义的副本。

"测试块"按钮：运行 BTESTBLOCK 命令，可从块编辑器打开一个外部窗口以测试动态块。

"自动约束"按钮：运行 AUTOCONSTRAIN 命令，可根据对象相对于彼此的方向将几何约束应用于对象的选择集。

"显示/隐藏"按钮：运行 CONSTRAINTBAR 命令，可显示或隐藏对象上的可用几何约束。

"块表"按钮：运行 BTABLE 命令，可显示对话框以定义块的变量。

"参数管理器"按钮：参数管理器处于未激活状态时执行 BARAMETERS 命令。否则，将执行 PARAMETERSCLOSE 命令。

"编写选项板"按钮：编写选项板处于未激活状态时执行 BAUTHORPALETTE 命令。否则，将执行 BAUTHORPALETTECLOSE 命令。

"属性定义"按钮：显示"属性定义"对话框，从中可以定义模式、属性标记、提示、值、插入点和属性的文字选项。

"可见性模"按钮：设置 BVMODE 系统变量，可以使当前可见性状态下不可见的对象变暗或隐藏。

"使可见"按钮：运行 BVSHOW 命令，可以使对象在当前可见性状态或所有可见性状态下可见。

"使不可见"按钮：运行 BVHIDE 命令，可以使对象在当前可见性状态或所有可见性状态下均不可见。

"可见性状态"按钮：显示"可见性状态"对话框。从中可以创建、删除、重命名和设置当前可见性状态。在列表框中选择一种状态，右击，选择快捷菜单中的"新状态"命令，打开"新建可见性状态"对话框，可以设置可见性状态。

"关闭块编辑器"按钮：运行 BCLOSE 命令，可关闭块编辑器，并提示用户保存或放弃对当前块定义所做的任何更改。

5.1.5 图块的属性

在 AutoCAD 中，用户不但可以创建普通块图形外，还可以创建带有附加信息的块，这些附加在块上的文本说明，用于表示块的非图形信息。可以利用属性来说明块，类似于地形图图名和坐标系等信息，这些附加信息被称为属性。属性值可以固定，也可以变化，还可设置为可见的或不可见的，不可见属性不显示也不能绘图输出，属性值一直保留在图形中，并且在提取时，可以输出到文件中。

5.1.5.1 定义图块属性

在使用图块属性之前，要对其属性进行定义，定义属性的方法有如下两种：
第一种方法：在命令行中输入"ATTDEF"命令。
第二种方法：选择菜单栏中的"绘图"→"块"→"定义属性"命令。
执行上述操作后，打开"属性定义"对话框，如图 5-7 所示。对话框中各参数的含义如下：

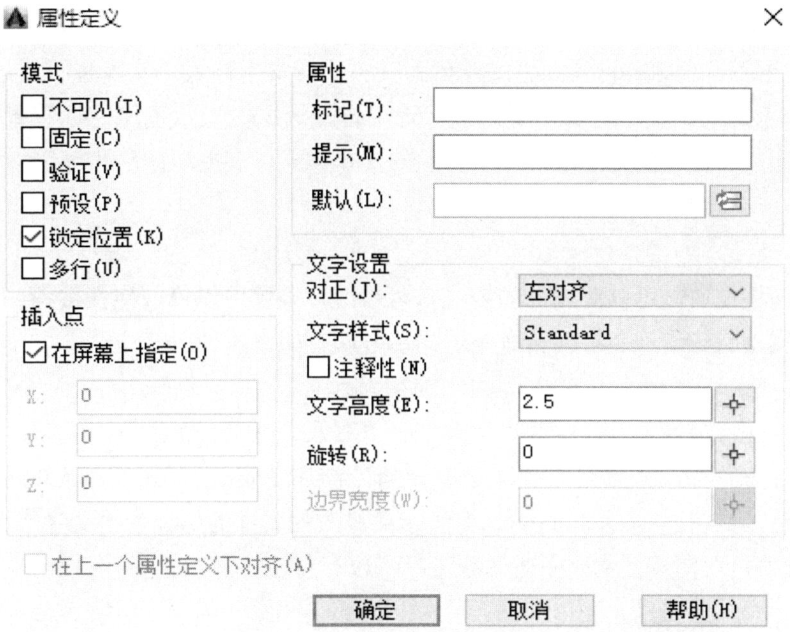

图 5-7 "属性定义"对话框

"模式"选项组：确定属性的模式。

"不可见"复选框：选中该复选框，则属性为不可见显示方式，即插入图块并输入属性值后，属性值在图中并不显示出来。

"固定"复选框：选中该复选框，则属性值为常量，即属性值在属性定义时给定，在插入图块时 AutoCAD 不再提示输入属性值。

"验证"复选框：选中该复选框，当插入图块时 AutoCAD 重新显示属性值让用户验证该值是否正确。

"预设"复选框：选中该复选框，当插入图块时 AutoCAD 自动把事先设置好的默认值赋予属性，而不再提示输入属性值。

"锁定位置"复选框：选中该复选框，锁定块参照中属性的位置。解锁后，属性可以相对于使用夹点编辑的块的其他部分移动，并且可以调整多行文字属性的大小。

"多行"复选框：指定属性值可以包含多行文字，选中该复选框可以指定属性的边界宽度。

"属性"选项组：用于设置属性值。

"标记"文本框：输入属性标签。属性标签可由除空格和感叹号以外的所有字符组成，AutoCAD 自动把小写字母改为大写字母。

"提示"文本框：输入属性提示。属性提示是插入图块时 AutoCAD 要求输入属性值的提示，如果不在此文本框内输入文本，则以属性标签作为提示。如果在"模式"选项组中选中"固定"复选框，即设置属性为常量，则不需设置属性提示。

"默认"文本框：设置默认的属性值。可把使用次数较多的属性值作为默认值，也可不设默认值。

"插入点"选项组：确定属性文本的位置。可以在插入时由用户在图形中确定属性文本的位置，也可在 X、Y、Z 文本框中直接输入属性文本的位置坐标。

"文字设置"选项组：设置属性文本的对齐方式、文本样式、字高和倾斜角度。

"在上一个属性定义下对齐"复选框：选中该复选框，表示把属性标签直接放在前一个属性的下面，而且该属性继承前一个属性的文本样式、字高和倾斜角度等特性。

5.1.5.2 修改属性定义

在定义图块之前，可以对属性的定义加以修改，不仅可以修改属性标签，还可以修改属性提示和属性默认值。文字编辑命令的调用方法有如下两种：

第一种方法：在命令行中输入"DDEDIT"命令。

第二种方法：选择菜单栏中的"修改"→"对象"→"文字"→"编辑"命令。

执行上述操作后，根据系统提示选择要修改的属性定义，AutoCAD 打开"编辑属性定义"对话框，如图 5-8 所示，该对话框表示要修改的属性的标记为"文字"，提示为"数值"，无默认值，可在各文本框中对各项进行修改。

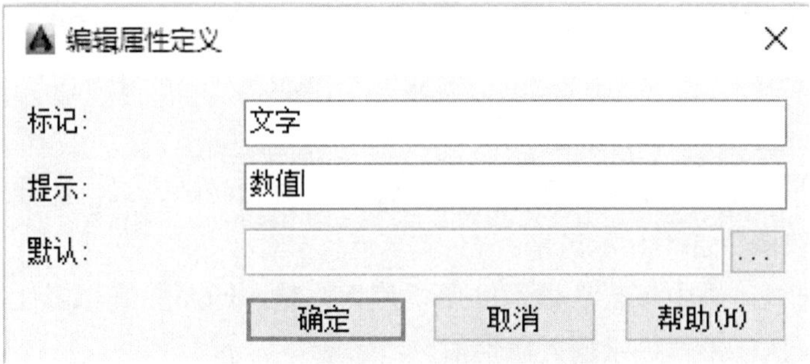

图 5-8 "编辑属性定义"对话框

5.1.5.3 图块属性编辑

当属性被定义到图块当中，甚至图块被插入到图形当中之后，用户还可以对属性进行编辑。图块属性编辑命令的调用方法有如下三种：

第一种方法：在命令行中输入"ATTEDIT"命令。

第二种方法：选择菜单栏中的"修改"→"对象"→"属性"→"单个"命令。

第三种方法：单击"修改Ⅱ"工具栏中的"编辑属性"按钮。

执行上述操作后，根据系统提示选择块参照，同时光标变为拾取框，选择要修改属性的图块，则 AutoCAD 打开如图 5-9 所示的"编辑属性"对话框。该对话框不仅可以编辑属性值，还可以编辑属性的文字选项和图层、线型、颜色等特性值。

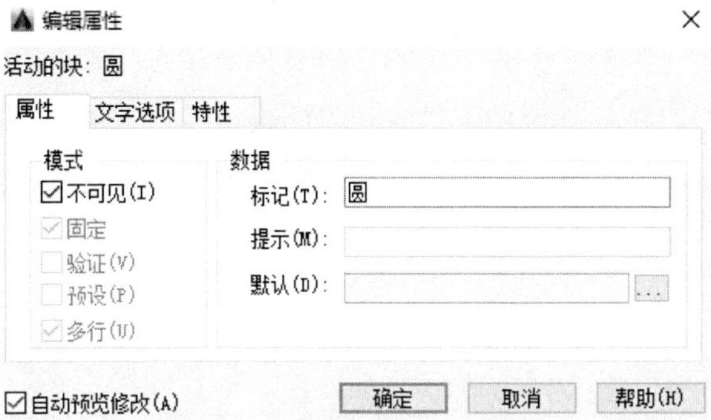

图 5-9 "编辑属性"对话框

另外，还可以通过"块属性管理器"对话框来编辑属性，方法是在工具栏中选择"修改Ⅱ"→"块属性管理器"命令。执行此命令后，系统打开"块属性管理器"对话框，如图 5-10 所示。

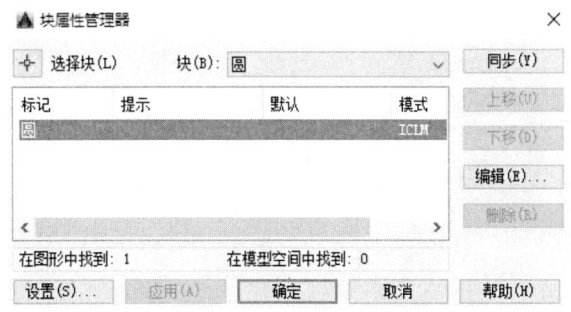

图 5-10 "块属性管理器"对话框

5.2 外部参照

在通常情况下，测绘工程需要多人或多个作业小组来共同来完成一个绘图项目，一位绘图人员常常需要使用另外一位或多位绘图人员的图形，此时，用户可以借助 AutoCAD

提供的外部参照技术来完成相应的工作。外部参照也是一种块定义类型，但使用方法、功能和块又有一些差别。将图形以块参照插入时，参照图形将链接至当前图形，并存储在图形中，但不随原始图形改变而更新，且不显著增加当前图形文件的大小。参照图形所作的任何修改都会立即显示到当前图形中。

5.2.1 外部参照附着

利用外部参照的第一步是要将外部参照附着到宿主图形上，外部参照附着的方法有如下四种：

第一种方法：在命令行中输入"XATTACH"或"XA"命令。
第二种方法：选择菜单栏中的"插入"→"DWG 参照"命令。
第三种方法：单击"参照"工具栏中的"附着外部参照"按钮。
第四种方法：单击"插入"选项卡"参照"面板中的"附着"按钮。

执行上述操作后，系统打开如图 5-11 所示的"选择参照文件"对话框，在该对话框中选择要附着的文件。

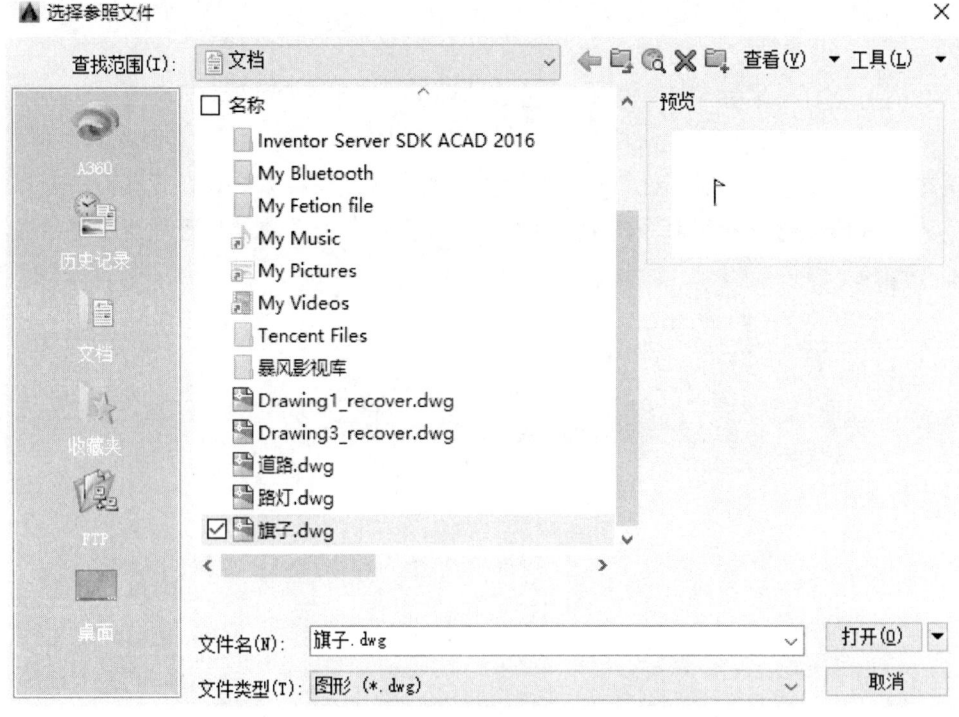

图 5-11 "选择参照文件"对话框

单击"打开"按钮，则打开"附着外部参照"对话框，如图 5-12 所示。对话框中主要选项组的含义如下：

"附着型"单选按钮：选中该单选按钮，则外部参照是可以嵌套的。
"覆盖型"单选按钮：选中该单选按钮，则外部参照不会嵌套。

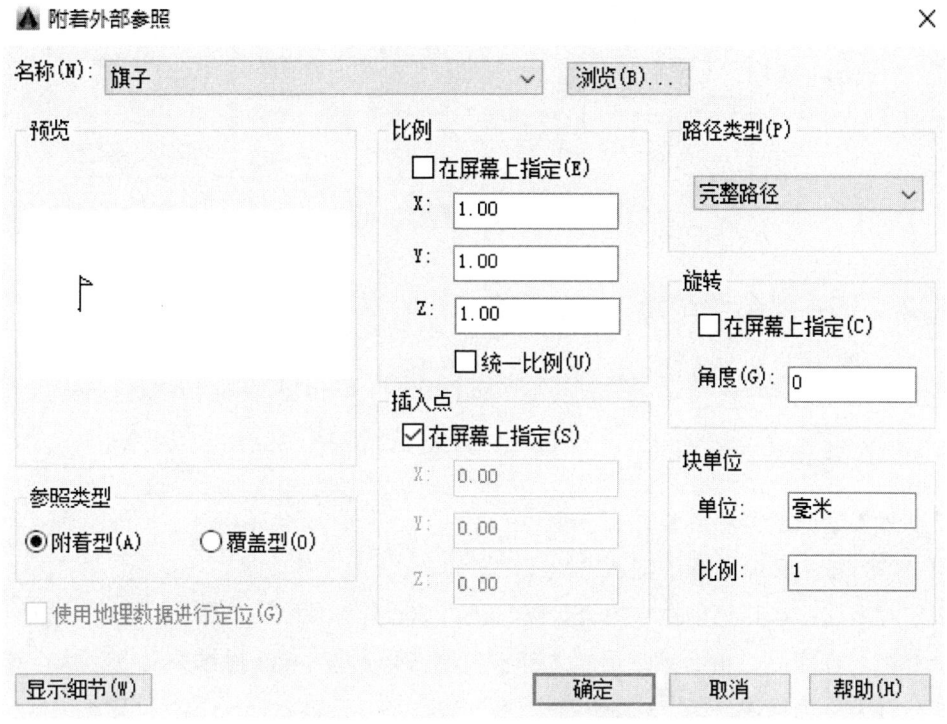

图 5-12 "附着外部参照"对话框

下面举例说明附着型参照与覆盖型参照的区别，如图 5-13 所示，分别为旗子、路灯和道路三个文件。图 5-14 为附着型参照的结果，旗子文件被附着到路灯文件中，路灯文件覆盖或附着在道路文件上。此时，打开道路文件时，可以看到旗子和路灯两个文件。因为它是被附着方式插入到路灯文件中。图 5-15 为覆盖型参照结果，旗子文件被覆盖到路灯文件中，路灯文件覆盖或附着在道路文件上。此时，打开道路文件时，只可以看到道路和路灯两个文件，看不到旗子是因为它是以覆盖方式插入到路灯文件中。

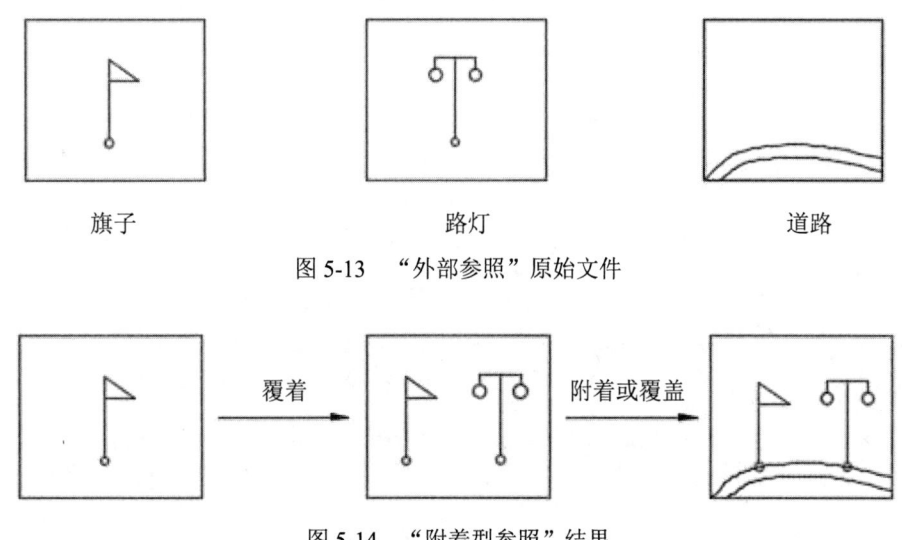

图 5-13 "外部参照"原始文件

图 5-14 "附着型参照"结果

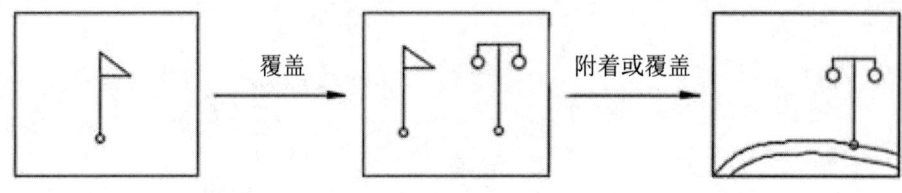

图 5-15 "覆盖型参照"结果

5.2.2 外部参照剪裁

附着的外部参照可以根据需要对其范围进行裁剪,也可以控制边框的显示。

5.2.2.1 裁剪外部参照

裁剪外部参照的方法主要有如下两种:

第一种方法:在命令行中输入"XCLIP"命令。

第二种方法:选择菜单栏中的"参照"→"裁剪外部参照"按钮 。

执行上述操作后,根据系统提示选择被参照图形后按 Enter 键结束命令。执行该命令时,命令行中各选项含义如下:

开(ON):在宿主图形中不显示外部参照或块的被剪裁部分。

关(OFF):在宿主图形中显示外部参照或块的全部几何信息,忽略剪裁边界。

剪裁深度(C):在外部参照或块上设置前剪裁平面和后剪裁平面,如果对象位于边界和指定深度定义的区域外,将不显示。

删除(D):为选定的外部参照或块删除剪裁边界。

生成多段线(P):自动绘制一条与剪裁边界重合的多段线。

新建边界(N):定义一个矩形或多边形剪裁边界,或者用多段线生成一个多边形剪裁边界。

5.2.2.2 裁剪边界边框

裁剪边界边框的方法主要有如下三种:

第一种方法:在命令行中输入"XCLIPFRAME"命令。

第二种方法:选择菜单栏中的"修改"→"对象"→"外部参照"→"边框"命令。

第三种方法:单击"参照"工具栏中的"外部参照边框"按钮 。

执行上述操作后,根据系统提示输入 XCLIPFRAME 的新值,裁剪外部参照图形时,可以通过该系统变量来控制是否显示裁剪边界的边框。当其值设置为 1 时,将显示剪裁边框,并且该边框可以作为对象的一部分进行选择和打印;其值设置为 0 时,则不显示剪裁边框。

5.2.3 外部参照绑定

如果将外部参照绑定到当前图形,则外部参照及其依赖命名对象将成为当前图形的一部分。外部参照依赖命名对象的命名语法从"块名|定义名"变为"块名n定义名"。在这种情况下,将为绑定到当前图形中的所有外部参照相关定义名创建唯一的命名对象。外部参照绑定的方法主要有如下三种:

第一种方法:在命令行中输入"XBIND"命令。

第二种方法:选择菜单栏中的"修改"→"对象"→"外部参照"→"绑定"命令。

第三种方法:单击"参照"工具栏中的"外部参照绑定"按钮 。

执行上述操作后,系统打开"外部参照绑定"对话框,如图5-16所示。对话框中各参数含义如下:

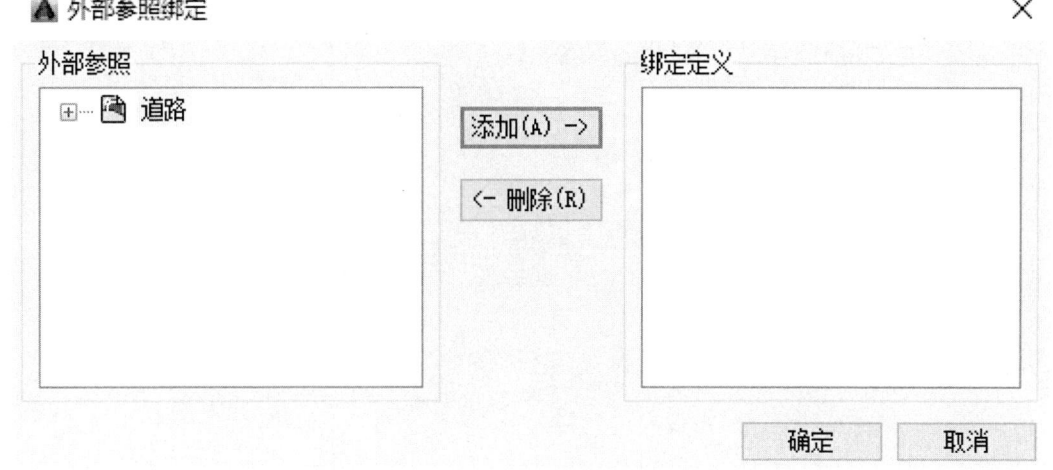

图5-16 "外部参照绑定"对话框

"外部参照"选项组:显示所选择的外部参照。可以将其展开,进一步显示该外部参照的各种设置定义名,如标注样式、图层、线型和文字样式等。

"绑定定义"选项组:显示将被绑定的外部参照的有关设置定义。选择完毕后,确认退出。系统将外部参照所依赖的命名对象(如块、标注样式、图层、线型和文字样式等)添加到用户图形。

5.2.4 外部参照管理

外部参照附着后,可以利用相关命令对其进行管理。外部参照管理的方法主要有如下四种:

第一种方法:在命令行中输入"XREF"或"XR"命令。

第二种方法:选择菜单栏中的"插入"→"外部参照"命令。

第三种方法：单击"参照"工具栏中的"外部参照"按钮。
第四种方法：在快捷菜单中选择"外部参照管理器"命令。

执行上述操作后，系统自动执行该命令，打开如图 5-17 所示的"外部参照"选项板。在该选项板中，可以附着、组织和管理所有与图形相关联的文件参照，还可以附着和管理参照图形（外部参照）、附着的 DWF 参考底图和输入的光栅图像。

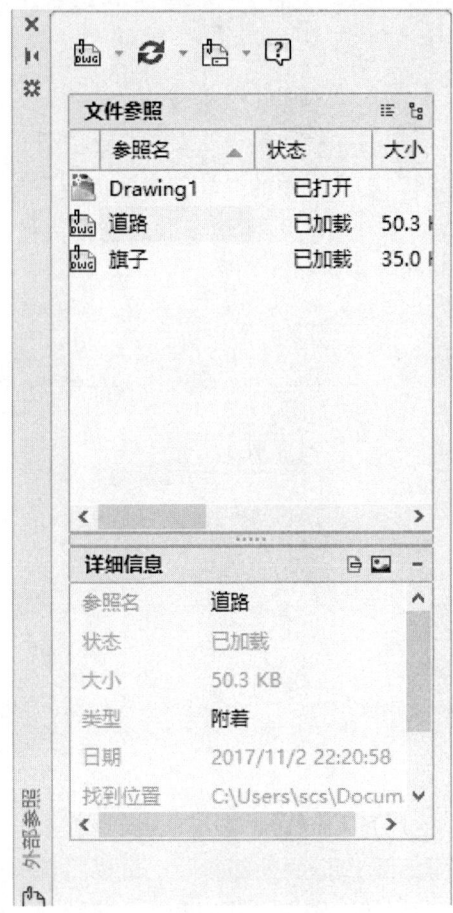

图 5-17　"外部参照"选项板

5.2.5　参照编辑

对已经附着或绑定的外部参照，可以通过参照编辑相关命令对其进行编辑。

5.2.5.1　在位编辑参照

"在位编辑参照"命令的调用方法主要有如下三种：

第一种方法：在命令行中输入"REFEDIT"命令。
第二种方法：选择菜单栏中的"工具"→"外部参照和块在位编辑"→"在位编辑参照"命令。

第三种方法：单击"参照编辑"工具栏中的"在位编辑参照"按钮。

执行上述操作，根据系统提示选择要编辑的参照后，系统打开"参照编辑"对话框，如图 5-18 所示。该对话框中各选项卡的含义如下：

图 5-18 "参照编辑"对话框

"标识参照"选项卡：为标识要编辑的参照提供形象化辅助工具并控制选择参照的方式。
"设置"选项卡：为编辑参照提供选项。如图 5-19 "设置"选项卡
在上述对话框完成设定后，确认退出，即可对所选择的参照进行编辑。

5.2.5.2 保存或放弃参照修改

保存或放弃参照修改的方法主要有如下四种：

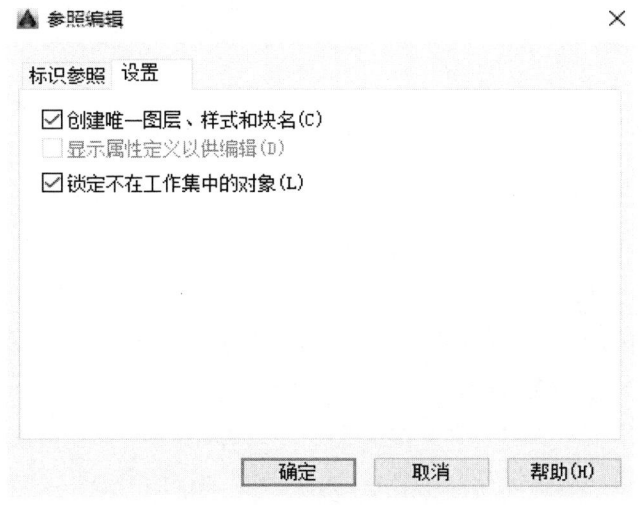

图 5-19 "设置"选项卡

第一种方法：在命令行中输入"REFCLOSE"命令。

第二种方法：选择菜单栏中的"工具"→"外部参照和块在位编辑"→"保存编辑参照"或"关闭参照"命令。

第三种方法：单击"参照编辑"工具栏中的"保存参照编辑"按钮 或"关闭参照"按钮 。

第四种方法：在快捷菜单中选择"关闭 REFEDIT 任务"命令。

执行上述操作后，根据系统提示选择"保存"或"放弃"即可，在这个过程中，系统会给出警告提示框，用户可以确认或取消操作。

5.2.5.3 添加或删除对象

添加或删除对象的方法主要有如下三种：

第一种方法：在命令行中输入"REFSET"命令。

第二种方法：选择菜单栏中的"工具"→"外部参照和块在位编辑"→"添加到工作集"或"从工作集删除"命令。

第三种方法：单击"参照编辑"工具栏中的"添加到工作集"按钮 或"从工作集删除"按钮 。

执行上述操作后，根据系统提示选择相应选项即可。

5.3　设计中心

AutoCAD 提供的设计中心是一个设计资源的集成管理工具。使用 AutoCAD 设计中心，用户可以高效地管理块、外部参照、光栅图像以及来自其他源文件或应用程序的内容，可以掌握本机及网络上的设计资源。例如，各行业专用的符号库和已生成的历史图档。

5.3.1　启动设计中心

启动设计中心的方法有如下五种：

第一种方法：在命令行中输入"ADCENTER"命令。

第二种方法：选择菜单栏中的"工具"→"选项板"→"设计中心"命令。

第三种方法：单击"标准"工具栏中的"设计中心"按钮 。

第四种方法：利用快捷键 Ctrl+2。

第五种方法：单击"视图"选项卡"选项板"面板中的"设计中心"按钮 。

执行上述操作后，系统打开设计中心。第一次启动设计中心时，默认打开的选项卡为"文件夹"。内容显示区采用大图标显示，左边的资源管理器采用树形显示方式显示系统的树形结构，浏览资源的同时，在内容显示区显示所浏览资源的有关细目或内容，如图 5-20

所示。在图中左边方框为 AutoCAD 2016 设计中心的资源管理器，右边方框为 AutoCAD 2016 设计中心窗口的内容显示框。其中，上面窗口为文件显示框，中间窗口为图形预览显示框，下面窗口为说明文本显示框。

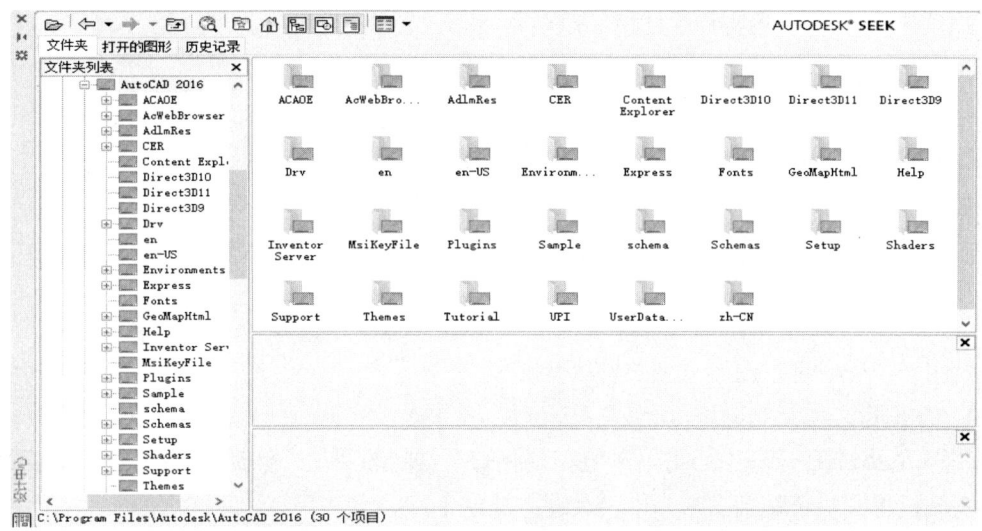

图 5-20　AutoCAD 2016 设计中心的资源管理器和内容显示区

可以使用鼠标拖动边框来改变 AutoCAD 2016 设计中心资源管理器和内容显示区以及 AutoCAD 2016 绘图区的大小，但内容显示区的最小尺寸应能显示两列大图标。如果要改变 AutoCAD 2016 设计中心的位置，可在 AutoCAD 2016 设计中心工具条的左部用鼠标拖动它，松开鼠标后，AutoCAD 2016 设计中心便处于当前位置。也可以通过设计中心边框左边下方的"自动隐藏"按钮自动隐藏设计中心。

5.3.2　插入图块

可以利用设计中心将图块插入到图形当中。当将一个图块插入到图形当中时，块定义就被复制到图形数据库当中。在一个图块被插入到图形之后，如果原来的图块被修改，则插入到图形当中的图块也随之改变。当有其他命令正在执行时，不能插入图块到当前图形中。

AutoCAD 设计中心提供了插入图块的两种方法。

1. 利用鼠标指定比例和旋转方式插入图块

采用此方法时，AutoCAD 将根据鼠标拉出的线段的长度与角度确定比例与旋转角度。采用该方法插入图块的步骤如下：

（1）从文件夹列表或查找结果列表中选择要插入的图块，按住鼠标左键，将其拖动到当前打开的图形当中。松开鼠标左键，此时，被选择的对象被插入到当前打开的图形中。利用当前设置的捕捉方式，可以将对象插入到任何存在的图形当中。

（2）按下鼠标左键，指定一点作为插入点，移动鼠标，鼠标位置点与插入点之间的距离为缩放比例,按下鼠标左键确定比例。用同样的方法移动鼠标,鼠标指定位置与插入点连线和水平线角度为旋转角度。被选择的对象就根据鼠标指定的比例和角度插入到当前图形当中。

2．利用精确指定的坐标、比例和旋转角度插入图块

利用该方法可以设置插入图块的参数,具体方法如下:

(1)从文件夹列表或查找结果列表框中选择要插入的对象,拖动对象到打开的图形当中。

(2)在相应的命令行提示下输入比例和旋转角度等数值。

被选择的对象根据指定的参数插入到当前图形当中。

5.3.3　插入图块

利用设计中心进行图形复制的方法有两种。

1．在图形之间复制图块

利用 AutoCAD 设计中心可以浏览和装载需要复制的图块,然后将图块复制到剪贴板,利用剪贴板将图块粘贴到图形当中,具体方法如下:

(1)在控制板选择需要复制的图块,右击,在弹出的快捷菜单中选择"复制"命令。

(2)将图块复制到剪贴板上,然后通过"粘贴"命令粘贴到当前图形上。

2．在图形之间复制图层

利用 AutoCAD 设计中心可以从任何一个图形复制图层到其他图形。例如,如果已经绘制了一个包括设计所需的所有图层的图形,在绘制新的图形时,可以新建一个图形,并通过 AutoCAD 设计中心将已有的图层复制到新的图形当中,这样可以节省时间并保证图形间的一致性。

(1)拖动图层到已打开的图形:确认要复制图层的目标图形文件被打开,并且是当前的图形文件。在控制板或查找结果列表框中选择要复制的一个或多个图层。拖动图层到打开的图形文件中,松开鼠标后被选择的图层就被复制到打开的图形当中。

(2)复制或粘贴图层到打开的图形:确认要复制的图层的图形文件被打开,并且是当前的图形文件。在控制板或查找结果列表框中选择要复制的一个或多个图层。右击打开快捷菜单,选择"复制到粘贴板"命令。如果要粘贴图层,确认粘贴的目标图形文件被打开,并为当前文件。右击打开快捷菜单,选择"粘贴"命令即可。

思考与练习题

1．如何创建、插入图块及对块属性的定义,对块如何进行分解和修改。

2．如何设置和编辑外部参照。

3．定义一个含有属性的图块,应如何操作?

上机训练

将以下所有的独立地物符号制作成图块保存于"图块"文件夹中。

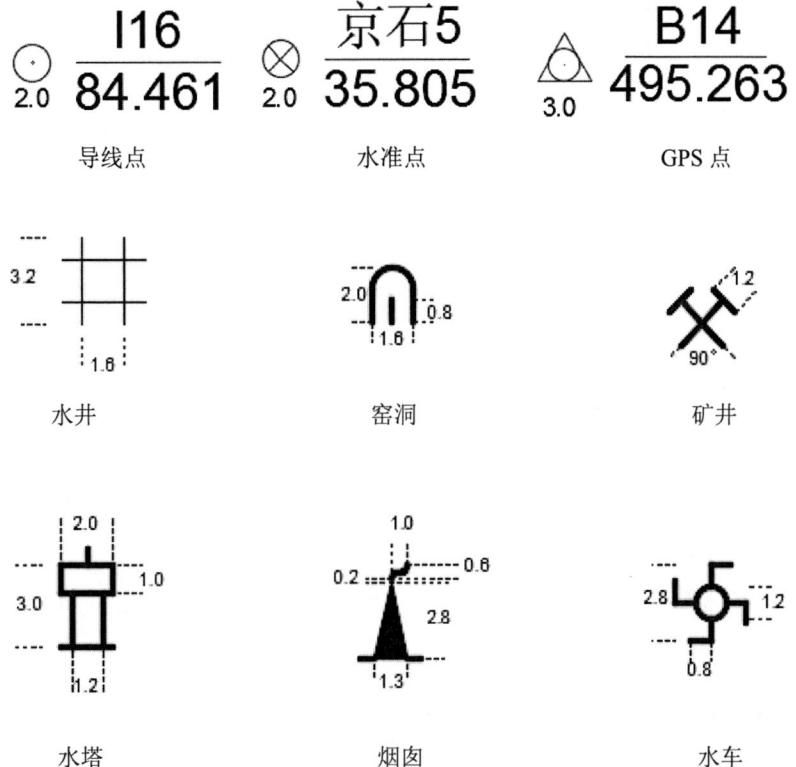

第6章　文字、表格、尺寸标注与图形查询

教学过程设计与建议

课程内容	6.1　文字标注 6.2　表格 6.3　尺寸标注 6.4　图形查询
任务设计	本章主要要求掌握在 AutoCAD 图形文件中插入文字和表格的方法；通过实例学会图形的尺寸标注和图形的信息查询。
知识目标	掌握文字样式设置、文本的输入与编辑方法；表格样式的定义与表格创建；掌握尺寸标注样式的设置与修改、各类尺寸的标注方法；了解图形信息的查询方法。
能力目标	能够正确设置文字样式、表格样式和尺寸标注样式；能够在图形中合适的位置插入文字和表格；能够正确进行各种类型的尺寸标注。
教学重点	文字样式的设置，文本的输入与编辑方法；尺寸标注样式的设置与修改；表格制作的方法。
教学难点	尺寸标注样式的设置与修改，尺寸标注的编辑方法。
授课形式建议	教师演示与学生练习相结合。
教学过程设计	教师演示：文字样式的设置→单行和多行文本的输入与编辑→表格样式的定义→表格的制作；图形的绘制→标注样式的设置→尺寸标注→图形信息查询。
技能训练	学生练习：通过制作水准测量记录表，练习表格的制作、文字的输入，再绘制一个综合图形练习尺寸的标注。
考核标准	按照要求制作一个水准测量记录表，并输入相应的文字和数字，根据学生绘图的速度和正确率计入平时考核成绩。

6.1 文字标注

在工程制图中，文字注记是其中很重要的一部分，它有助于读图、识图。在 AutoCAD 图中标注文字，首先要选定一种文字样式。文字样式是说明所标注文字使用的字体以及其他特性，如字高、字颜色、文字标注方向等。系统提供的默认文字样式为 STANDARD。如果系统提供的文字样式不能满足用户的要求，用户可自行设置需要的文字样式。

6.1.1 设置文字样式

AutoCAD 图形中的文字都有和其相对应的文字样式。当输入文字对象时，AutoCAD 使用当前设置的文本样式。模板文件 ACAD.DWT 和 ACADISO.DWT 中定义了名为 STANDARD 的默认文本样式。执行"文字样式"命令，主要有以下 4 种方法：

第一种方法：在命令行中输入"STYLE"或"DDSTYLE"命令。

第二种方法：选择菜单栏中的"格式"→"文字样式"命令。

第三种方法：单击"文字"工具栏中的"文字样式"按钮 A。

第四种方法：单击"默认"选项卡"注释"面板中的"文字样式"按钮 A，或单击"注释"选项卡"文字"面板上"文字样式"下拉菜单中的"管理文字样式"按钮，或"注释"选项卡"文字"面板中的"对话框启动器"按钮。

执行上述操作后，AutoCAD 打开"文字样式"对话框，如图 6-1 所示。其中各选项的功能如下：

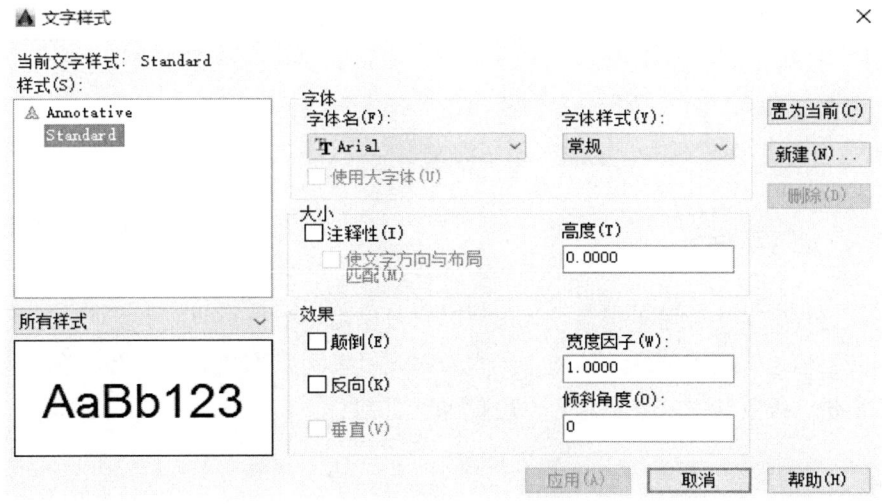

图 6-1 "文字样式"对话框

"字体"选项组：确定字体式样。文字字体确定字符的形状，在 AutoCAD 中，除了固有的 SHX 形状字体文件外，还可以使用 TrueType 字体（如宋体、楷体、italley 等），一种字体可以设置不同的效果从而被多种文本样式使用。

"注释性"复选框：指定文字为注释性文字。

"使文字方向与布局匹配"复选框：指定图纸空间视口中的文字方向与布局方向匹配。如果取消选中"注释性"复选框，则该选项不可用。

"高度"文本框：设置文字高度。如果输入 O.O，则每次用该样式输入文字时，文字默认值为 0.2 高度。

"效果"选项组：该选项组中的各项用于设置字体的特殊效果。

"颠倒"复选框：选中该复选框，表示将文本文字倒置标注。图 6-2（a）中给出了这种标注效果。

"反向"复选框：确定是否将文本文字反向标注。图 6-2（b）中给出了这种标注效果。

"垂直"复选框：确定文本是水平标注还是垂直标注。该复选框选中时为垂直标注，否则为水平标注。"垂直"复选框只有在 SHX 字体下才可用。如图 6-2（c）所示。

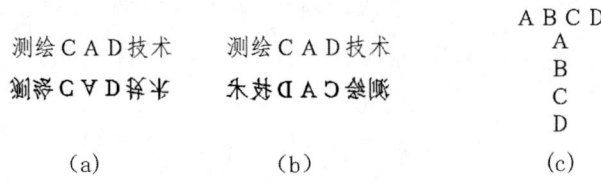

图 6-2 "文字标注"效果

"宽度因子"文本框：设置宽度系数，确定文本字符的宽高比。当比例系数为 1 时表示将按字体文件中定义的宽高比标注文字。当此系数小于 1 时字会变窄，反之变宽。

"倾斜角度"文本框：用于确定文字的倾斜角度。角度为 0 时不倾斜，为正时向右倾斜，为负时向左倾斜。

"置为当前"按钮：该按钮用于将在"字体样式"下选定的样式设置为当前样式。

"新建"按钮：该按钮用于新建文字样式。单击该按钮，系统弹出"新建文字样式"对话框，在该文本框中输入样式名，然后单击"确定"按钮即可。

"删除"按钮：该按钮用于删除未使用的文字样式。

6.1.2 文本标注

在制图过程中文字传递了很多设计信息，它可以是一个很长的文字说明，也可能是一个简短的文字信息。当需要标注的文本不太长时，可以利用 TEXT 命令创建单行文本。当需要标注很长、很复杂的文字信息时，用户可以用 MTEXT 命令创建多行文本。

6.1.2.1 单行文本标注

进行单行文本标注，主要有以下四种方法：

第一种方法：在命令行中输入"TEXT"命令。

第二种方法：选择菜单栏中的"绘图"→"文字"→"单行文字"命令。

第三种方法：单击"文字"工具栏中的"单行文字"按钮 A。

第四种方法：单击"默认"选项卡"注释"面板中的"单行文字"按钮 A 或"注释"选项卡"文字"面板中的"单行文字"按钮 A。

执行上述操作后，根据系统提示指定文字的起点或选择选项。执行该命令，命令行提示主要选项的含义如下：

指定文字的起点：在此提示下直接在屏幕上点取一点作为文字的起始点，然后在此提示下输入一行文字后按 Enter 键，AutoCAD 继续显示"输入文字："提示，可继续输入文字，待全部输入完以后，在此提示下直接按 Enter 键，则退出 TEXT 命令。可见，由 TEXT 命令也可创建多行文字，只是这种多行文字每一行是一个对象，不能对多行文字同时进行操作。

当"文字样式"中设置的字符高度为 0 时，在使用 TEXT 命令时 AutoCAD 才出现要求用户确定字符高度的提示。AutoCAD 允许将文字行倾斜排列，如图 6-3 所示为倾斜角度分别是 0°、30°和 -30°时的排列效果。在"指定文字的旋转角度 <0>："提示下，输入文字行的倾斜角度或在屏幕上拉出一条直线来指定倾斜角度。

图 6-3 文字倾斜排列的效果

对正（J）：在命令行的提示下输入"J"，用来确定文字的对齐方式，对齐方式决定文字的哪一部分与所选的插入点对齐。选择此选项，根据系统提示选择选项作为文字的对齐方式，如图 6-4 所示。

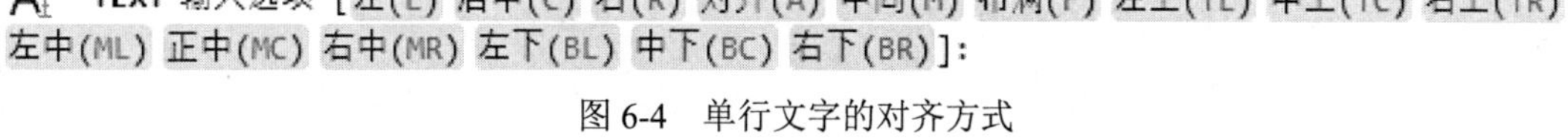

A ▼ TEXT 输入选项 [左(L) 居中(C) 右(R) 对齐(A) 中间(M) 布满(F) 左上(TL) 中上(TC) 右上(TR) 左中(ML) 正中(MC) 右中(MR) 左下(BL) 中下(BC) 右下(BR)]:

图 6-4 单行文字的对齐方式

在输入文字过程中，有时需要标注一些特殊字符，由于这些符号不能直接从键盘上输入，AutoCAD 提供了一些控制码，用来实现这些要求。例如：

代码：%%D 表示角度称号"°"

代码：%%C 表示直径称号"Ø"

代码：%%P 表示正负称号"±"

代码：%%O 表示上划线称号"‾"

代码：%%U 表示下划线称号"_"

代码：%%% 表示百分号"%"

代码：\u+2220 表示角度符号"∠"

代码：\u+2248 表示约等于号"≈"

代码：\u+2260 表示不等于号"≠"

用 TEXT 命令创建文本时，在命令行输入的文字同时显示在屏幕上，而且在创建过程中可以随时改变文字的位置，只要将光标移到新的位置并单击，则当前行结束，随后输入的文本在新的位置出现。用这种方法可以把多行文本标注到屏幕的任何地方。

6.1.2.2 多行文本标注

进行多行文本标注，主要有以下四种方法：

第一种方法：在命令行中输入"MTEXT"命令。

第二种方法：选择菜单栏中的"绘图"→"文字"→"多行文字"命令。

第三种方法：单击"绘图"工具栏中的"多行文字"按钮 A 或"文字"工具栏中的"多行文字"按钮 A。

第四种方法：单击"默认"选项卡"注释"面板中的"多行文字"按钮 A 或"注释"选项卡"文字"面板中的"多行文字"按钮 A。

执行上述操作后，根据系统提示指定矩形框的范围，创建多行文字。

使用多行文字绘制文字时，命令行提示主要选项的含义如下：

指定对角点：直接在屏幕上点取两个点作为矩形框的对角点，AutoCAD 以这两个点作为对角点构成一个矩形的文字区域，其宽度作为将来要标注的多行文字的宽度，而且第一个点作为第一行文字顶线的起点。随后 AutoCAD 打开如图 6-5 所示的"文字编辑器"选项卡和"多行文字编辑器"，可利用此编辑器输入多行文字并对其格式进行设置。

图 6-5 多行文字编辑器

对正（J）：确定所标注文字的对齐方式。选择该选项，根据系统提示选择对齐方式，这些对齐方式与 TEXT 命令中的各对齐方式相同，选取一种对齐方式后按 Enter 键，AutoCAD 回到上一级提示。

行距（L）：确定多行文字的行间距，这里所说的行间距是指相邻两文字行的基线之间的垂直距离。根据系统提示输入行距类型，在此提示下有两种方式确定行间距："至少"方式和"精确"方式。"至少"方式下 AutoCAD 根据每行文字中最大的字符自动调整行间距。"精确"方式下 AutoCAD 给多行文字赋予一个固定的行间距。可以直接输入一个确切的间距值，也可以输入"nx"的形式，其中，n 是一个具体数，表示行间距设置为单行文字高度的 n 倍，而单行文字高度是本行文字字符高度的 1.66 倍。

旋转（R）：确定文字行的倾斜角度。根据系统提示输入倾斜角度。

样式（S）：确定当前的文字样式。

宽度（W）：指定多行文字的宽度。可在屏幕上选取一点与前面确定的第一个角点组成的矩形框的宽作为多行文字的宽度。也可以输入一个数值，精确设置多行文本的宽度。

栏（C）：根据栏宽、栏间距宽度和栏高组成矩形框。

"文字编辑器"选项卡：用来控制文字的显示特性。可以在输入文字前设置其特性，也可以改变已输入的文字特性。要改变已有文字的显示特性，首先应选择要修改的文本。选择后可以对选取的文字进行加粗、倾斜、改变字高，增加上划线、下划线等编辑操作。

6.1.3 文本编辑

对已经标注完的文本，如果需要更改，可以使用文本编辑命令来实现。进行文本编辑，主要有以下四种方法：

第一种方法：在命令行中输入"DDEDIT"命令。

第二种方法：选择菜单栏中的"修改"→"对象"→"文字"→"编辑"命令。

第三种方法：单击"文字"工具栏中的"编辑"按钮 。

第四种方法：在快捷菜单中选择"修改多行文字"或"编辑文字"命令。

执行上述操作后，根据系统提示选择想要修改的文本，同时光标变为拾取框。用拾取框单击对象，如果选取的文本是用 TEXT 命令创建的单行文本，则深显该文本，可对其进行修改，如果选取的文本是用 MTEXT 命令创建的多行文本，选取后则打开多行文字编辑器，可根据需要对各项设置或内容进行修改。

6.2　表格

6.2.1　定义表格样式

和文字样式一样，AutoCAD 图形中的表格也有和其相对应的表格样式。当插入表格对象时，AutoCAD 使用当前设置的表格样式。表格样式是用来控制表格基本形状和间距的一组设置。模板文件 ACAD.DWT 和 ACADISO.DWT 中定义了名为 STANDARD 的默认表格样式。执行"表格样式"命令，主要有以下四种方法：

第一种方法：在命令行中输入"TABLESTYLE"命令。

第二种方法：选择菜单栏中的"格式"→"表格样式"命令。

第三种方法：单击"样式"工具栏中的"表格样式管理器"按钮 。

第四种方法：单击"默认"选项卡"注释"面板中的"表格样式"按钮 或"注释"选项卡"表格"面板中的"对话框启动器"按钮。

执行上述操作后，AutoCAD 打开"表格样式"对话框，如图 6-6 所示。该对话框中主要按钮的含义如下：

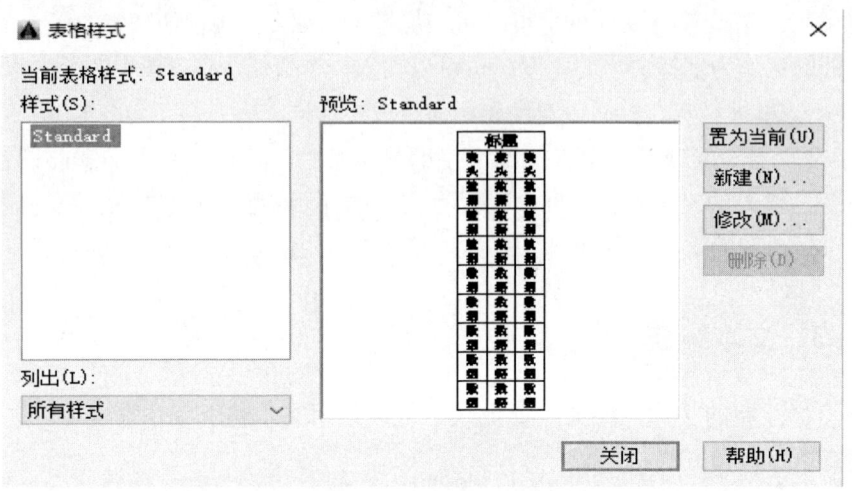

图 6-6 "表格样式"对话框

（1）"新建"按钮：单击该按钮，系统打开"创建新的表格样式"对话框，如图 6-7 所示。输入新的表格样式名后，单击"继续"按钮，系统打开"新建表格样式"对话框，如图 6-8 所示，从中可以定义新的表格样式。

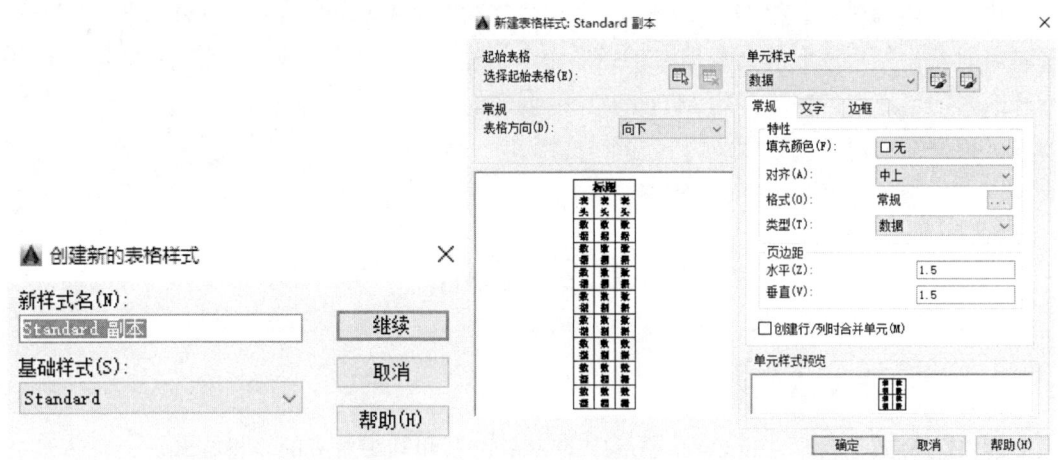

图 6-7 "创建新的表格样式"对话框　　图 6-8 "新建表格样式"对话框

"新建表格样式"对话框中有 3 个单元样式："数据""表头"和"标题"，分别控制表格中数据、表头和标题的有关参数。

"文字"选项卡下"特性"选项组：在"文字样式"下拉列表框中可以选择已定义的文字样式并应用于数据文字，也可以单击后面的 … 按钮重新定义文字样式。"文字高度""文字颜色""文字角度"下拉列表框中则有设定的相应参数格式供用户选择。

"边框"选项卡下"特性"选项组：可以选择边框线的宽度、线型、颜色，下面的边框线按钮可控制数据边框线的各种形式。

"常规"选项卡下"特性"选项组:控制数据栏格与标题栏格的上下位置关系。
(2)"修改"按钮:对当前表格样式进行修改,方式与新建表格样式相同。

6.2.2 创建表格

在设置好表格样式后,用户可以利用 TABLE 命令创建表格。执行"表格"命令,主要有以下四种方法:

第一种方法:在命令行中输入"TABLE"命令。
第二种方法:选择菜单栏中的"绘图"→"表格"命令。
第三种方法:单击"绘图"工具栏中的"表格"按钮 。
第四种方法:单击"默认"选项卡"注释"面板中的"表格"按钮 或"注释"选项卡"表格"面板中的"表格"按钮 。

执行上述操作后,AutoCAD 打开"插入表格"对话框,如图 6-9 所示。该对话框中主要按钮的含义如下:

"表格样式"选项组:可以在"表格样式"名称下拉列表框中选择一种表格样式,也可以单击后面的 按钮新建或修改表格样式。

"插入方式"选项组:"指定插入点"单选按钮用于指定表格左上角的位置,可以使用定点设备,也可以在命令行输入坐标值。如果表样式中将表的方向设置为由下而上读取,则插入点位于表的左下角。"指定窗口"单选按钮用于指定表的大小和位置,可以使用定点设备,也可以在命令行输入坐标值。选中此单选按钮时,行数、列数、列宽和行高取决于窗口的大小以及列和行设置。

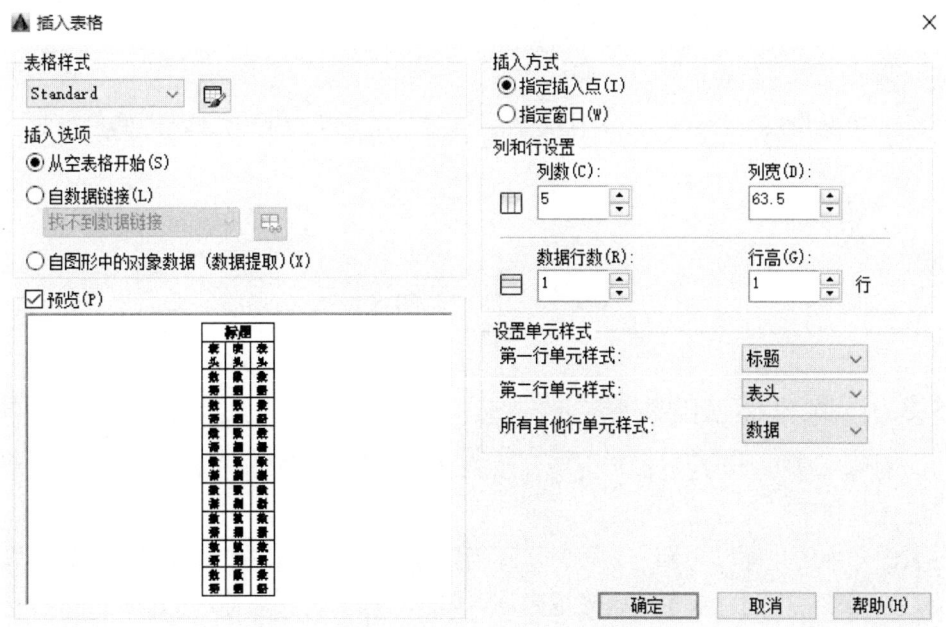

图 6-9 "插入表格"对话框

"列和行设置"选项组：指定列和行的数目以及列宽与行高。

在"插入方式"选项组中选中"指定窗口"单选按钮后，列与行设置的两个参数中只能指定一个，另外一个由指定窗口大小自动等分设定。

在"插入表格"对话框中进行相应设置后，单击"确定"按钮，系统在指定的插入点或窗口自动插入一个空表格，并显示多行文字编辑器，用户可以逐行逐列输入相应的文字或数据，如图6-10所示。

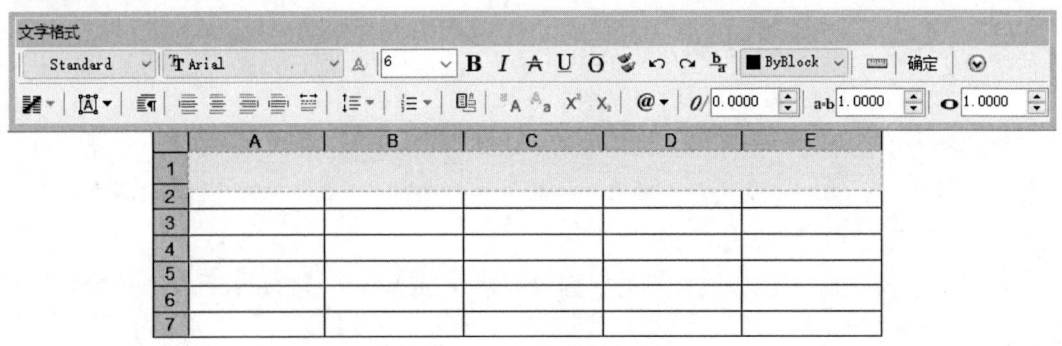

图6-10 表格文字输入与编辑

在插入的表格中选择某一个单元格，单击后出现钳夹点，通过移动钳夹点可以改变单元格的大小。

6.2.3 表格文字编辑

进行表格文字编辑，主要有以下三种方法：

第一种方法：在命令行中输入"TABLEDIT"命令。

第二种方法：在快捷菜单中选择"编辑文字"命令。

第三种方法：在表格单元内双击。

执行上述操作后，系统打开多行文字编辑器，用户可以对指定表格单元的文字进行编辑。

6.3 尺寸标注

6.3.1 尺寸标注的规则

（1）物体的真实大小应以图形上所标注的尺寸数值为依据，与图形的显示大小和绘图的精确度无关。

（2）图形中的尺寸以毫米为单位时，不需要标注尺寸单位的代号或名称。如果采用其他单位，则必须注明尺寸单位的代号或名称，如度、厘米、英寸等。

（3）图形中所标注的尺寸为图形所表示物体的最后完工尺寸，否则必须另加说明。

（4）物体的每一尺寸，一般只标注一次，并应标注在最能清晰反映该结构的视图上，尺寸标注要布置整齐、清晰，便于阅读。

6.3.2　尺寸标注的组成

一个完整的尺寸标注由尺寸线、尺寸界线、尺寸箭头、尺寸数字以及一些相关的符号组成，如图 6-11 所示。

（1）尺寸界线：尺寸界线用细实线绘制，尺寸界线一般是垂直于图形轮廓线、超出箭头约 2～3mm。也可直接用轮廓线、轴线或对称中心线作尺寸界线。尺寸界线一般与尺寸线垂直，必要时允许倾斜。

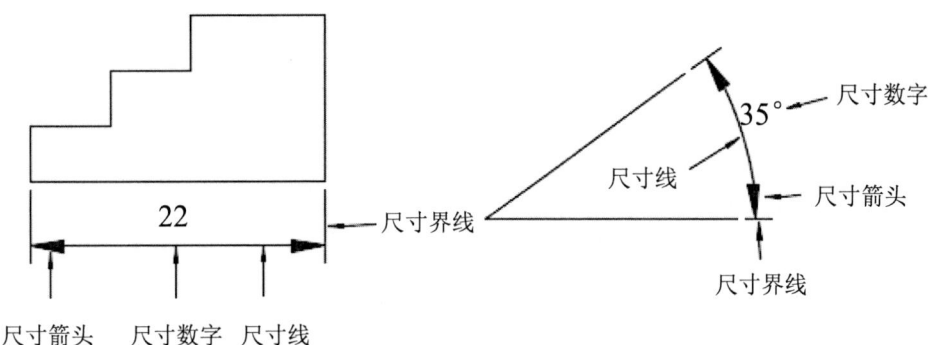

图 6-11　尺寸标注的组成

（2）尺寸线：尺寸线用细实线绘制，尺寸线必须单独画出，不能用图上任何其他图线代替，也不能与图线重合或在其延长线上，并应尽量避免尺寸线之间及尺寸线与尺寸界线之间相交。

（3）尺寸箭头：箭头适用于各种类型的图形，箭头尖端与尺寸界线接触，不得超出也不得离开。建筑制图中可以用 45°斜短线代替箭头。

（4）尺寸数字：线性尺寸的数字一般注写在尺寸线上方或左方。同一图样内数字大小应一致，位置不够时可引出标注。

6.3.3　尺寸样式

在进行尺寸标注之前，要建立尺寸标注的样式。如果用户不建立尺寸样式而直接进行标注，系统使用默认的名称为 STANDARD 的样式。如果用户认为使用的标注样式某些设置不合适，也可以修改标注样式。建立尺寸样式主要有如下四种调用方法：

第一种方法：在命令行中输入"DIMSTYLE"命令。
第二种方法：选择菜单栏中的"格式"→"标注样式"或"标注"→"样式"命令。
第三种方法：单击"标注"工具栏中的"标注样式"按钮 。
第四种方法：单击"默认"选项卡"注释"面板中的"标注样式"按钮 或"注释"

选项卡"标注"面板中的"标注样式"下拉菜单中的"管理标注样式"按钮。

执行上述操作后，系统打开"标注样式管理器"对话框，如图 6-12 所示。利用此对话框可方便直观地定制和浏览尺寸标注样式，包括新建的标注样式、修改已存在的样式、设置当前尺寸标注样式、样式重命名以及删除已有样式等。该对话框中各按钮的含义如下：

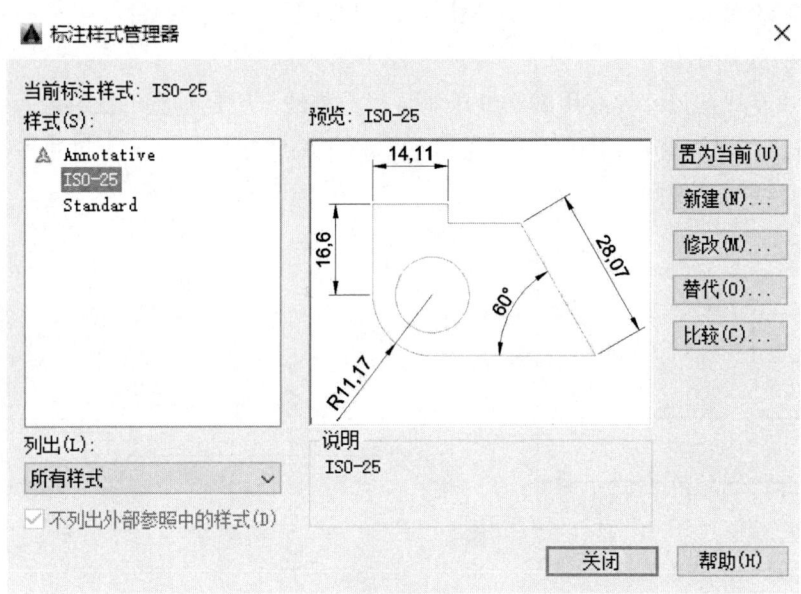

图 6-12 "标注样式管理器"对话框

"置为当前"按钮：单击该按钮，将在"样式"列表框中选中的样式设置为当前样式。

"新建"按钮：定义一个新的尺寸标注样式。单击该按钮，AutoCAD 打开"创建新标注样式"对话框，如图 6-13 所示。利用该对话框可创建一个新的尺寸标注样式，其中主要选项的功能说明如下：

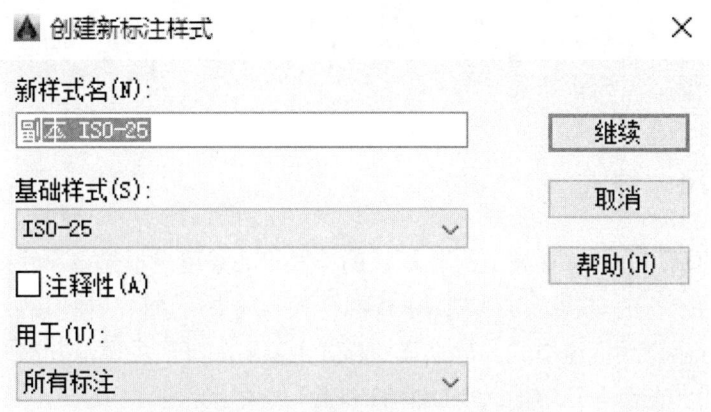

图 6-13 "创建新标注样式"对话框

"新样式名"文本框：给新的尺寸标注样式命名。

"基础样式"下拉列表框：选取创建新样式所基于的标注样式。单击右侧的下拉按钮，出现当前已有的样式列表，从中选取一个作为定义新样式的基础，新的样式是在这个样式的基础上修改一些特性得到的。

"用于"下拉列表框：指定新样式应用的尺寸类型。单击右侧的下拉按钮出现尺寸类型列表，如果新建样式应用于所有尺寸，则选择"所有标注"选项；如果新建样式只应用于特定的尺寸标注，则选取相应的尺寸类型。

"修改"按钮：修改一个已存在的尺寸标注样式。单击该按钮，AutoCAD弹出"修改标注样式"对话框，该对话框中的各选项与"新建标注样式"对话框中完全相同，可以对已有标注样式进行修改。

"替代"按钮：设置临时覆盖尺寸标注样式。单击该按钮，AutoCAD打开"替代当前样式"对话框，该对话框中各选项与"新建标注样式"对话框完全相同，用户可改变选项的设置覆盖原来的设置，但这种修改只对指定的尺寸标注起作用，而不影响当前尺寸变量的设置。

"比较"按钮：比较两个尺寸标注样式在参数上的区别或浏览一个尺寸标注样式的参数设置。单击该按钮，AutoCAD打开"比较标注样式"对话框，如图6-14所示。可以把比较结果复制到剪贴板上，然后再粘贴到其他的应用软件上。

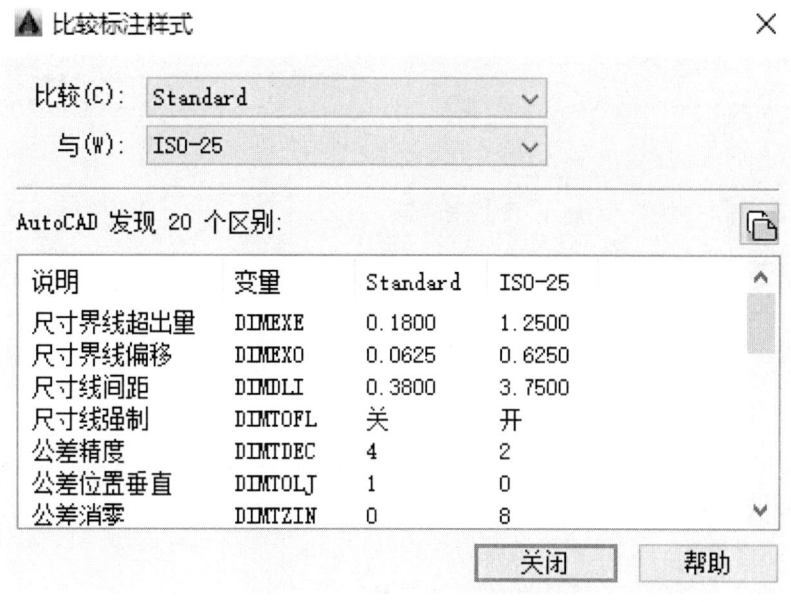

图6-14 "比较标注样式"对话框

6.3.3.1 线

在"新建标注样式"对话框中，第一个选项卡就是"线"，如图6-15所示。该选项卡用于设置尺寸线、尺寸界线的形式和特性，下面分别进行说明。

1. "尺寸线"选项组

该选项组用于设置尺寸线的特性，其中主要选项的含义如下：

"颜色"下拉列表框：设置尺寸线的颜色。可直接输入颜色名称，也可从下拉列表中选择，如果选择"选择颜色"选项，系统打开"选择颜色"对话框供用户选择其他颜色。

"线型"下拉列表框：设置尺寸线的线型，下拉列表中列出了已加载的各种线型供选择，如果没有需要的线型可重新加载。

"线宽"下拉列表框：设置尺寸线的线宽，下拉列表中列出了各种线宽的名称和宽度。

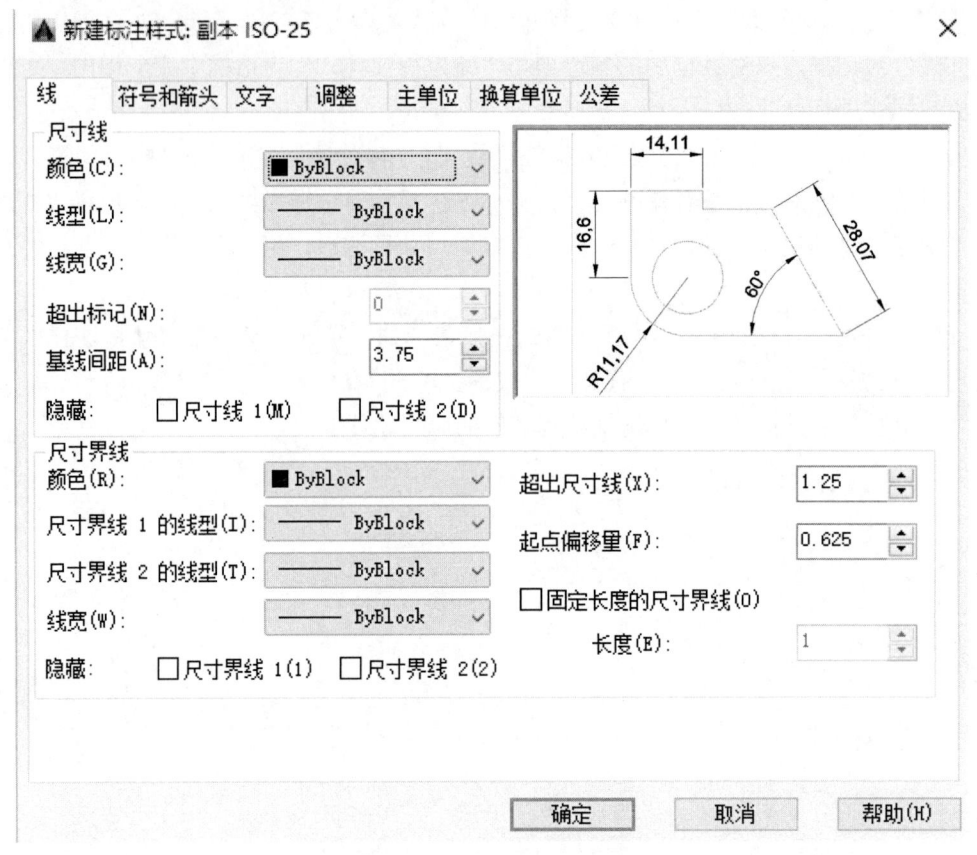

图 6-15 "新建标注样式"对话框

"超出标记"微调框：当尺寸箭头设置为短斜线、短波浪线等，或尺寸线上无箭头时可利用该微调框设置尺寸线超出尺寸界线的距离。

"基线间距"微调框：设置以基线方式标注尺寸时，相邻两尺寸线之间的距离。

"隐藏"复选框组：确定是否隐藏尺寸线及相应的箭头。

2. "尺寸界线"选项组

该选项组用于确定尺寸界线的形式，其中主要选项的含义如下：

"颜色"下拉列表框：设置尺寸界线的颜色。

"线宽"下拉列表框：设置尺寸界线的线宽。

"超出尺寸线"微调框：确定尺寸界线超出尺寸线的距离。

"起点偏移量"微调框：确定尺寸界线的起始点相对于图形轮廓线的起始偏移量。

"隐藏"复选框组：确定是否隐藏尺寸界线。

3．尺寸样式显示框

在"新建标注样式"对话框的右上方，是一个尺寸样式显示框，该框以样例的形式显示用户设置的尺寸样式。

6.3.3.2 符号和箭头

在"新建标注样式"对话框中，第二个选项卡是"符号和箭头"，如图 6-16 所示。该选项卡用于设置箭头、圆心标记、弧长符号和半径折弯标注的形式和特性。

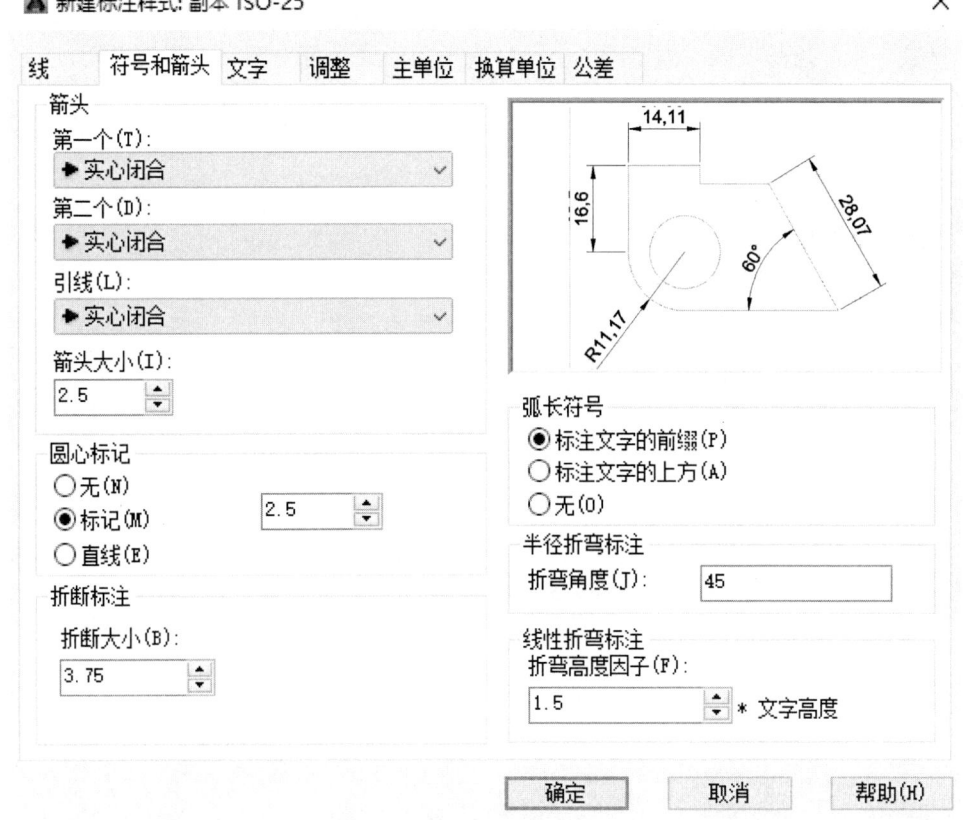

图 6-16 "符号和箭头"选项卡

1．"箭头"选项组

设置尺寸箭头的形式，AutoCAD 提供了多种多样的箭头形状，列在"第一个"和"第二个"下拉列表框中。另外，还允许用户自定义的箭头形状。两个尺寸箭头可以采用相同的形式，也可以采用不同的形式。该选项组中各选项的含义如下：

"第一个"下拉列表框：用于设置第一个尺寸箭头的形式。可单击右侧的小箭头从下拉列表中选择，其中列出了各种箭头形式的名称以及各类箭头的形式。一旦确定了第一个箭头的类型，第二个箭头则自动与其匹配，要想第二个箭头取不同的形状，可在"第二个"下拉列表框中设定。如果选择了"用户箭头"，则打开如图 6-17 所示的"选择自定义箭头块"对话框，可以事先把自定义的箭头存成一个图块，在该对话框中输入图块名即可。

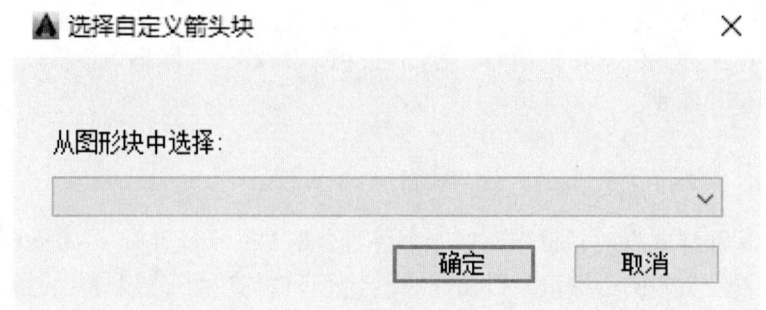

图 6-17 "选择自定义箭头块"对话框

"第二个"下拉列表框：确定第二个尺寸箭头的形式，可与第一个箭头不同。

"引线"下拉列表框：确定引线箭头的形式，与"第一个"设置类似。

"箭头大小"微调框：设置箭头的大小。

2."圆心标记"选项组

"标记"单选按钮：中心标记为一个记号。

"直线"单选按钮：中心标记采用中心线的形式。

"无"单选按钮：既不产生中心标记，也不产生中心线。

"大小"微调框：设置中心标记和中心线的大小和粗细。

3."弧长符号"选项组

控制弧长标注中圆弧符号的显示，包括以下三个单选按钮。

"标注文字的前缀"单选按钮：将弧长符号放在标注文字的前面，如图 6-18（a）所示。

"标注文字的上方"单选按钮：将弧长符号放在标注文字的上方，如图 6-18（b）所示。

"无"单选按钮：不显示弧长符号，如图 6-18（c）所示。

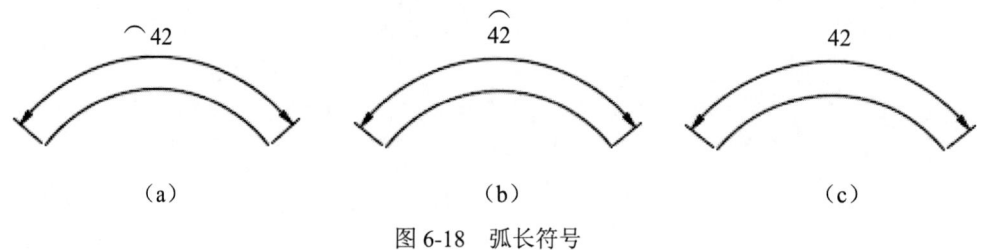

图 6-18 弧长符号

4."半径折弯标注"选项组

控制折弯（Z 字型）半径标注的显示。折弯半径标注通常在中心点位于页面外部时创建。在"折弯角度"文本框中可以输入连接半径标注的尺寸界线和尺寸线横向直线的角度。

6.3.3.3 尺寸文字

在"新建标注样式"对话框中，第三个选项卡是"文字"，如图 6-19 所示。该选项卡用于设置尺寸文字的形式、布置和对齐方式等。

1. "文字外观"选项组

该选项组中主要选项的含义如下：

"文字样式"下拉列表框：选择当前尺寸文本采用的文字样式。可单击下拉按钮从下拉列表中选取一个样式，也可单击右侧的…按钮，打开"文字样式"对话框，以创建新的文字样式或对文字样式进行修改。

"文字颜色"下拉列表框：设置尺寸文字的颜色。

"文字高度"微调框：设置尺寸文字的字高。如果选用的文字样式中已设置了具体字高（不是0），则此处的设置无效；如果文字样式中设置的字高为0，才以此处的设置为准。

"分数高度比例"微调框：确定尺寸文字的比例系数。

"绘制文字边框"复选框：选中该复选框，AutoCAD 在尺寸文字周围加上边框。

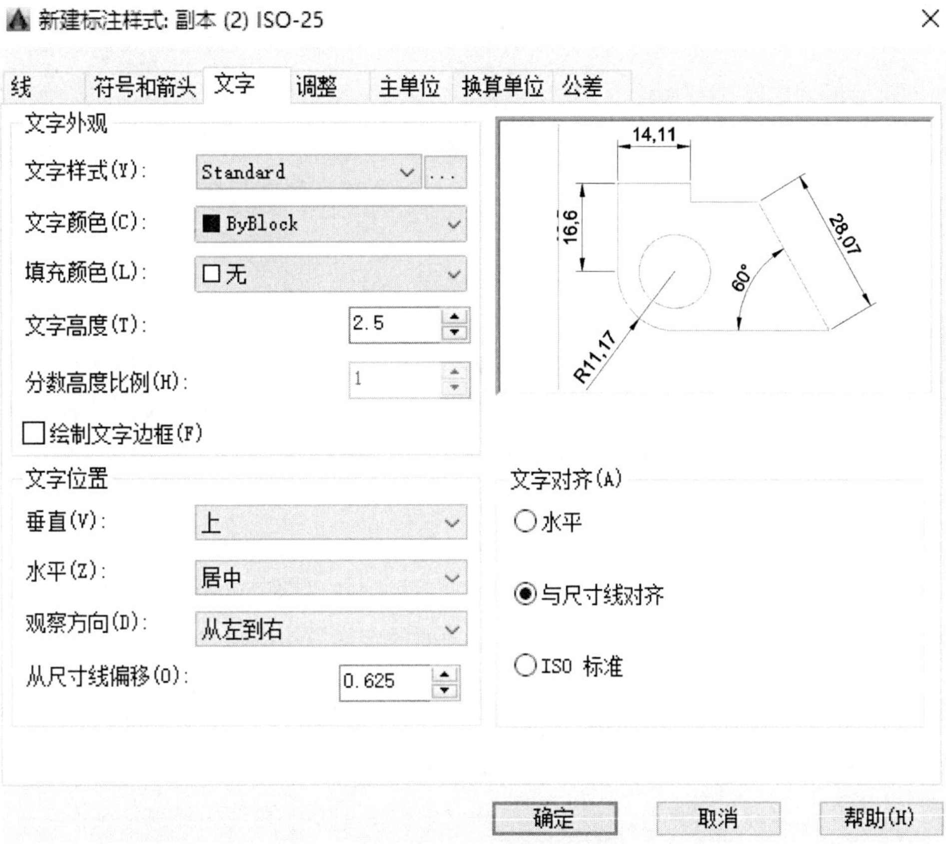

图 6-19 "文字"选项卡

2. "文字位置"选项组

该选项组中主要选项的含义如下：

"垂直"下拉列表框：确定尺寸文字相对于尺寸线在垂直方向的对齐方式。单击右侧的下拉按钮，弹出下拉列表，可选择的对齐方式有置中、上、外部、JIS 四种。

"水平"下拉列表框：确定尺寸文字相对于尺寸线和尺寸界线在水平方向的对齐方式。

单击右侧的下拉按钮，弹出下拉列表，对齐方式有居中、第一条尺寸界线、第二条尺寸界线、第一条尺寸界线上方和第二条尺寸界线上方五种。

"从尺寸线偏移"微调框：当尺寸文字放在断开的尺寸线中间时，该微调框用来设置尺寸文字与尺寸线之间的距离。

3．"文字对齐"选项组

用来控制尺寸文字排列的方向。该选项组中各选项的含义如下：

"水平"单选按钮：尺寸文字沿水平方向放置。不论标注什么方向的尺寸，尺寸文字总是保持水平。

"与尺寸线对齐"单选按钮：尺寸文字沿尺寸线方向放置。

"ISO 标准"单选按钮：当尺寸文字在尺寸界线之间时，沿尺寸线方向放置；在尺寸界线之外时，沿水平方向放置。

6.3.3.4 调整

在"新建标注样式"对话框中，第四个选项卡是"调整"，如图 6-20 所示。该选项卡根据两条尺寸界线之间的空间，设置将尺寸文字、尺寸箭头放在两尺寸界线的里边还是外边。如果空间允许，AutoCAD 总是把尺寸文字和箭头放在尺寸界线的里边；如果空间不够，则根据本选项卡的各项设置放置。

1．"调整选项"选项组

该选项组中各选项的含义如下：

"文字或箭头（最佳效果）"单选按钮：选中该单选按钮，按以下方式放置尺寸文字和箭头：如果空间允许，把尺寸文字和箭头都放在两尺寸界线之间；如果两尺寸界线之间只够放置箭头，则把箭头放在里边，把文字放在外边；如果两尺寸界线之间既放不下文字，也放不下箭头，则把二者均放在外边。

"箭头"单选按钮：选中该单选按钮，按以下方式放置尺寸文字和箭头：如果空间允许，把尺寸文字和箭头都放在两尺寸界线之间；如果空间只够放置箭头，则把箭头放在尺寸界线之间，把文字放在外边；如果尺寸界线之间的空间放不下箭头，则把箭头和文字均放在外面。

"文字"单选按钮：选中该单选按钮，按以下方式放置尺寸文字和箭头：如果空间允许，把尺寸文字和箭头都放在两尺寸界线之间，否则把文字放在尺寸界线之间，把箭头放在外面；如果尺寸界线之间的空间放不下尺寸文字，则把文字和箭头都放在外面。

"文字和箭头"单选按钮：选中该单选按钮，如果空间允许，把尺寸文字和箭头都放在两尺寸界线之间，否则把文字和箭头都放在尺寸界线外面。

"文字始终保持在尺寸界线之间"单选按钮：选中该单选按钮，AutoCAD 总是把尺寸文字放在两条尺寸界线之间。

"若箭头不能放在尺寸界线内，则将其消除"复选框：选中该复选框，则尺寸界线之间的空间不够时省略尺寸箭头。

第 6 章 文字、表格、尺寸标注与图形查询

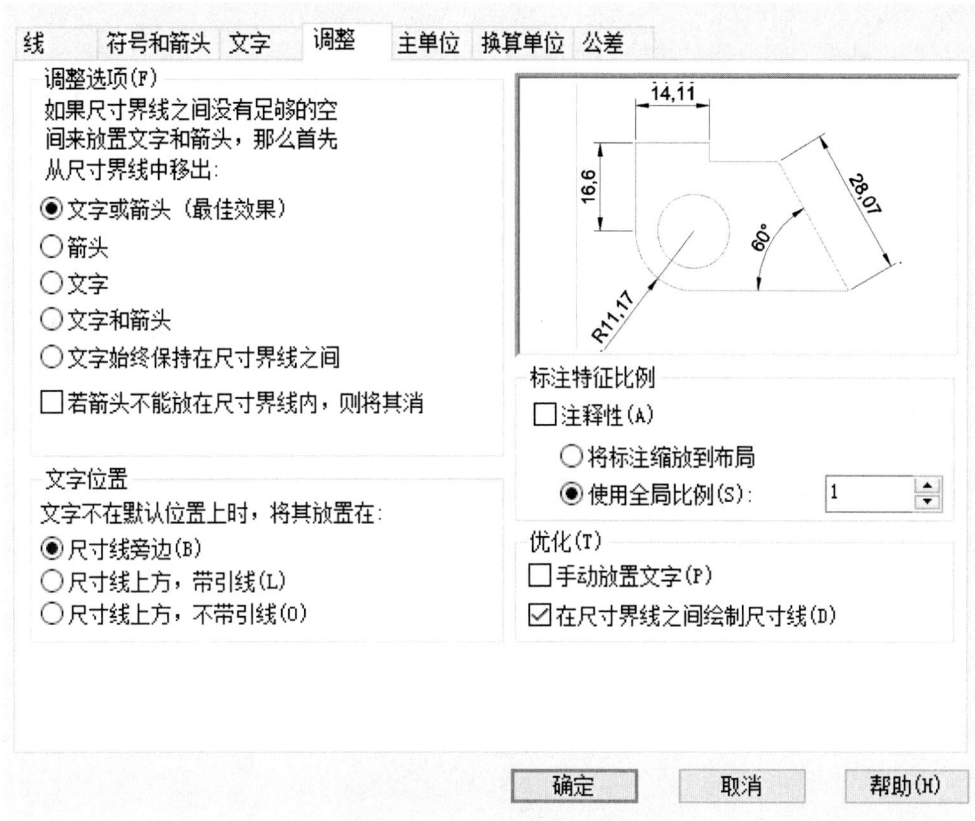

图 6-20 "调整"选项卡

2．"文字位置"选项组

用来设置尺寸文字的位置。其中三个单选按钮的含义如下：

"尺寸线旁边"单选按钮：选中该单选按钮，把尺寸文本放在尺寸线的旁边。

"尺寸线上方，带引线"单选按钮：选中该单选按钮，把尺寸文本放在尺寸线的上方，并用引线与尺寸线相连。

"尺寸线上方，不带引线"单选按钮：选中该单选按钮，把尺寸文本放在尺寸线的上方，中间无引线。

3．"标注特征比例"选项组

该选项组中各项的含义如下：

"将标注缩放到布局"单选按钮：确定图纸空间内的尺寸比例系数，默认值为1。

"使用全局比例"单选按钮：确定尺寸的整体比例系数。其后面的"比例值"微调框可以用来选择所需要的比例。

"注释性"复选框：选中该复选框，则指定标注为注释性。

4．"优化"选项组

该选项组用于设置附加的尺寸文本布置选项，各选项的含义如下：

"手动放置文字"复选框:选中该复选框,标注尺寸时由用户确定尺寸文字的放置位置,忽略前面的对齐设置。

"在尺寸界线之间绘制尺寸线"复选框:选中该复选框,不论尺寸文字在尺寸界线内部还是外部,AutoCAD均在两尺寸界线之间绘出一条尺寸线,否则当尺界线内放不下尺寸文字而将其放在外面时,尺寸界线之间无尺寸线。

6.3.3.5 主单位

在"新建标注样式"对话框中,第五个选项卡是"主单位",如图6-21所示。该选项卡用来设置尺寸标注的主单位和精度,以及给尺寸文字添加固定的前缀或后缀。本选项卡包含两个选项组,分别对长度型标注和角度型标注进行设置。

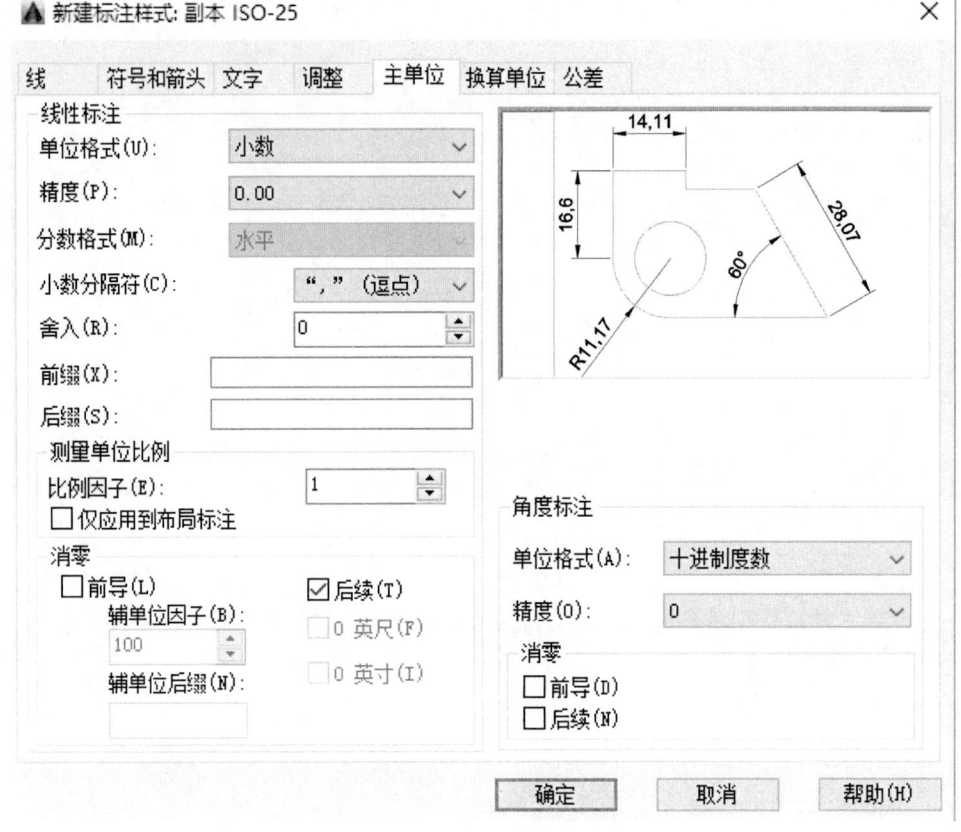

图6-21 "主单位"选项卡

1. "线性标注"选项组

该选项组用来设置标注长度类型尺寸时采用的单位和精度,主要选项的含义如下:

"单位格式"下拉列表框:确定标注尺寸时使用的单位制。列表中提供了"科学""小数""工程""建筑""分数"和"Windows桌面"六种单位制,可根据需要进行选择。

"分数格式"下拉列表框:设置分数的形式。AutoCAD提供了"水平""对角""堆叠"三种形式供用户选择。

"小数分隔符"下拉列表框：确定十进制单位（Decimal）的分隔符，AutoCAD 提供了"."（点）、","（逗点）和空格三种形式。

"舍入"微调框：设置除角度之外的尺寸测量的圆整规则。在文本框中输入一个值，如果输入"1"，则所有测量值均圆整为整数。

"前缀"文本框：设置固定前缀。可以输入文本，也可以用控制符产生特殊字符，这些文本将被加在所有尺寸文字之前。

"后缀"文本框：给尺寸标注设置固定后缀。

"测量单位比例"选项组：确定 AutoCAD 自动测量尺寸时的比例因子。其中，"比例因子"微调框用来设置除角度之外所有尺寸测量的比例因子。例如，如果用户确定比例因子为 2，AutoCAD 则把实际测量为 1 的尺寸标注为 2。如果选中"仅应用到布局标注"复选框，则设置的比例因子只适用于布局标注。

"消零"选项组：用于设置是否省略标注尺寸时的 0。

"前导"复选框：选中该复选框，省略尺寸值处于高位的 0。例如，0.50000 标注为 .50000。

"后续"复选框：选中该复选框，省略尺寸值小数点后末尾的 0。例如，12.5000 标注为 12.5，而 30.0000 标注为 30。

2．"角度标注"选项组

该选项组用来设置标注角度时采用的角度单位。

"单位格式"下拉列表框：设置角度单位制。AutoCAD 提供了"十进制度数""度 / 分 / 秒""百分度"和"弧度"四种角度单位。

"精度"下拉列表框：设置角度型尺寸标注的精度。

"消零"选项组：设置是否省略标注角度时的 0。

6.3.3.6　换算单位

在"新建标注样式"对话框中，第六个选项卡是"换算单位"，如图 6-22 所示。该选项卡用于对替换单位进行设置。

1．"显示换算单位"：复选框

选中该复选框，则替换单位的尺寸值也同时显示在尺寸文本上。

2．"换算单位"选项组

该选项组用于设置替换单位。其中各项的含义如下：

"单位格式"下拉列表框：选取替换单位采用的单位制。

"精度"下拉列表框：设置替换单位的精度。

"换算单位倍数"微调框：指定主单位和替换单位的转换因子。

"舍入精度"微调框：设定替换单位的圆整规则。

"前缀"文本框：设置替换单位文本的固定前缀。

"后缀"文本框：设置替换单位文本的固定后缀。

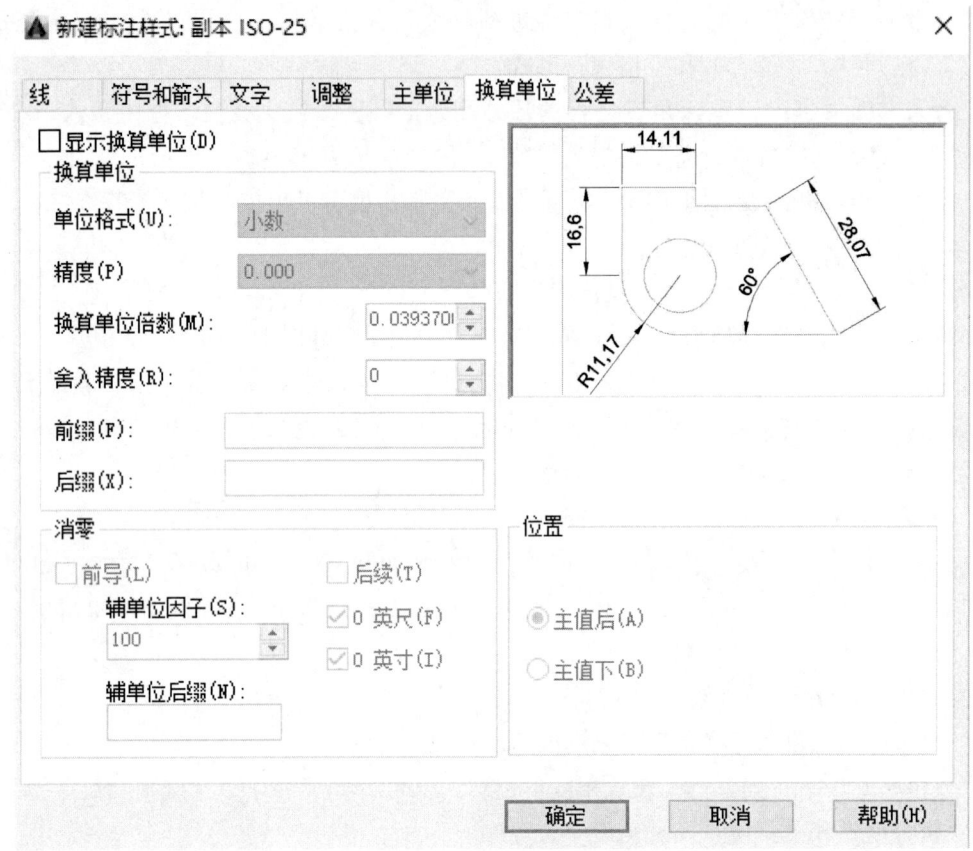

图 6-22 "换算单位"选项卡

3．"消零"选项组

该选项组用于设置是否省略尺寸标注中的 0。

4．"位置"选项组

该选项组用于设置替换单位尺寸标注的位置。

"主值后"单选按钮：把替换单位尺寸标注放在主单位标注的后边。

"主值下"单选按钮：把替换单位尺寸标注放在主单位标注的下边。

6.3.4 标注尺寸

6.3.4.1 长度型尺寸标注

长度型尺寸是最简单的一种尺寸，进行长度型尺寸标注主要有如下四种方法：

第一种方法：在命令行中输入"DIMLINEAR"（缩写名 DIMLIN）命令。

第二种方法：选择菜单栏中的"标注"→"线性"命令。

第三种方法：单击"标注"工具栏中的"线性"按钮⊢⊣。

第四种方法：单击"默认"选项卡"注释"面板中的"线性"按钮⊢⊣，或单击"注释"选项卡"标注"面板上"线性"按钮┝┥。

执行上述操作后，根据系统提示直接按 Enter 键选择要标注的对象或确定尺寸界线的起始点，命令行中各选项的含义如下：

指定尺寸线位置：用户可移动鼠标选择合适的尺寸线位置，然后按 Enter 键可单击，AutoCAD 则自动测量所标注线段的长度并标注出相应的尺寸。

多行文字（M）：用多行文本编辑器确定尺寸文字。

文字（T）：在命令行提示下输入或编辑尺寸文本。选择该选项后，根据系统提示输入标注线段的长度，直接按 Enter 键即可采用此长度值，也可输入其他数值代替默认值。当尺寸文本中包含默认值时，可使用尖括号"<>"表示默认值。

水平（H）：水平标注尺寸，不论标注什么方向的线段，尺寸线均水平放置。

垂直（V）：垂直标注尺寸，不论被标注线段沿什么方向，尺寸线总保持垂直。

旋转（R）：输入尺寸线旋转的角度值，旋转标注尺寸。

6.3.4.2 对齐标注

对齐标注就是让标注的尺寸线与图形轮廓平行对齐，用于标注那些倾斜或不规则的轮廓。对齐标注命令的调用方法主要有如下四种：

第一种方法：在命令行中输入"DIMALIGNED"命令。

第二种方法：选择菜单栏中的"标注"→"对齐"命令。

第三种方法：单击"标注"工具栏中的"对齐"按钮 ✦。

第四种方法：单击"默认"选项卡"注释"面板中的"对齐"按钮 ✦，或单击"注释"选项卡"标注"面板上"对齐"按钮 ✦。

执行上述操作后，根据系统提示选择对象，这种命令标注的尺寸线与所标注轮廓线平行，标注的是起始点到终点之间的距离尺寸。

6.3.4.3 坐标尺寸标注

坐标尺寸是指标注点的坐标位置，这种尺寸标注地形图和建筑总平面设计图中应用较多，坐标尺寸标注命令的调用方法主要有如下四种：

第一种方法：在命令行中输入"DIMORDINATE"命令。

第二种方法：选择菜单栏中的"标注"→"坐标"命令。

第三种方法：单击"标注"工具栏中的"坐标"按钮。

第四种方法：单击"默认"选项卡"注释"面板中的"坐标"按钮，或单击"注释"选项卡"标注"面板上"坐标"按钮。

执行上述操作后，根据系统提示点取或捕捉要标注坐标的点，AutoCAD 把这个点作为指引线的起点，并根据提示指定引线端点或选择其他选项。执行此命令时，命令行中各选项的含义如下：

指定引线端点：确定另外一点。根据这两点之间的坐标差决定是生成 X 坐标尺寸还是 Y 坐标尺寸。如果这两点的 Y 坐标之差比较大，则生成 X 坐标；反之，生成 Y 坐标。

X（Y）基准：生成该点的 X（Y）坐标。

6.3.4.4 直径标注

在标注圆或大于半圆的圆弧时，要用到直径标注命令。直径标注命令的调用方法主要有如下四种：

第一种方法：在命令行中输入"DIMDIAMETER"命令。

第二种方法：选择菜单栏中的"标注"→"直径"命令。

第三种方法：单击"标注"工具栏中的"直径"按钮◯。

第四种方法：单击"默认"选项卡"注释"面板中的"直径"按钮◯，或单击"注释"选项卡"标注"面板上"直径"按钮◯。

执行上述操作后，根据系统提示选择要标注直径的圆或圆弧，并在命令行提示下确定尺寸线的位置或选择"多行文字（M）""文字（T）"或"角度（A）"选项来输入编辑尺寸文本或确定尺寸文本的倾斜角度，也可以直接确定尺寸线的位置标注出指定圆或圆弧的直径。

6.3.4.5 半径标注

在标注小于或等于半圆的圆弧时，要用到半径标注命令。半径标注命令的调用方法主要有如下四种：

第一种方法：在命令行中输入"DIMRADIUS"命令。

第二种方法：选择菜单栏中的"标注"→"半径"命令。

第三种方法：单击"标注"工具栏中的"半径"按钮◯。

第四种方法：单击"默认"选项卡"注释"面板中的"半径"按钮◯，或单击"注释"选项卡"标注"面板上"半径"按钮◯。

执行上述操作后，根据系统提示选择要标注半径的圆弧，并在命令行提示下确定尺寸线的位置或选择"多行文字（M）""文字（T）"或"角度（A）"选项来输入编辑尺寸文本或确定尺寸文本的倾斜角度，也可以直接确定尺寸线的位置标注出指定圆弧的直径。

6.3.4.6 角度尺寸标注

角度标注命令的调用方法主要有如下四种：

第一种方法：在命令行中输入"DIMANGULAR"命令。

第二种方法：选择菜单栏中的"标注"→"角度"命令。

第三种方法：单击"标注"工具栏中的"角度"按钮△。

第四种方法：单击"默认"选项卡"注释"面板中的"角度"按钮△，或单击"注释"选项卡"标注"面板上"角度"按钮 △。

执行上述操作后，根据系统提示选择圆弧、圆、直线或指定顶点。命令行中各选项的含义如下：

选择圆弧：用于标注圆弧的中心角。当用户选取一段圆弧后，根据系统提示确定尺寸线的位置或选择"多行文字（M）""文字（T）""角度（A）"或"象限点（Q）"选项，通过多行文本编辑器或命令行来输入或定制尺寸文本以及指定尺寸文本的倾斜角度。

选择一个圆：标注圆上某段弧的中心角。当用户点取圆上一点选择该圆后，根据系统提示选取第二点，该点可在圆上，也可不在圆上。在命令行提示下确定尺寸线的位置，AuAoCAD标出一个角度值，该角度以圆心为顶点，两条尺寸界线通过所选取的两点，第二点可以不必在圆周上。用户还可以选择"多行文字（M）""文字（T）""角度（A）"或"象限点（Q）"选项编辑尺寸文本和指定尺寸文本的倾斜角度。

选择一条直线：标注两条直线间的夹角。当用户选取一条直线后，根据系统提示选取另一条直线，在命令行提示下确定尺寸线的位置，AutoCAD标出这两条直线之间的夹角。AutoCAD标出这两条直线之间的夹角。该角度以两条直线交点为顶点，以两条直线为尺寸界线，所标注角度取决于尺寸线的位置，用户还可以利用"多行文字（M）""文字（T）""角度（A）"或"象限点（Q）"选项编辑尺寸文本或指定尺寸文本的倾斜角度。

指定顶点：直接按Enter键执行该选项，根据系统提示指定顶点，指定角的第一个端点，再指定角的第二个端点，在命令行提示下给定尺寸线的位置，AutoCAD根据给定的三点标注出角度。

6.3.4.7 弧长标注

弧长标注命令的调用方法主要有如下四种：

第一种方法：在命令行中输入"DIMARC"命令。
第二种方法：选择菜单栏中的"标注"→"弧长"命令。
第三种方法：单击"标注"工具栏中的"弧长"按钮 。
第四种方法：单击"默认"选项卡"注释"面板中的"弧长"按钮 ，或单击"注释"选项卡"标注"面板上"弧长"按钮 。

执行上述操作后，根据系统提示选择要标注的弧线段或多段线弧线段，在命令行提示下指定弧长标注位置或选择其他选项。命令行中各选项的含义如下：

部分（P）：缩短弧长标注的长度。在系统提示下指定圆弧上弧长标注的起点和终点，结果如图6-23（a）所示。

引线（U）：添加引线对象。仅当圆弧（或弧线段）大于90°时才会显示此选项。引线是按径向绘制的，指向所标注圆弧的圆心，如图6-23（b）所示。

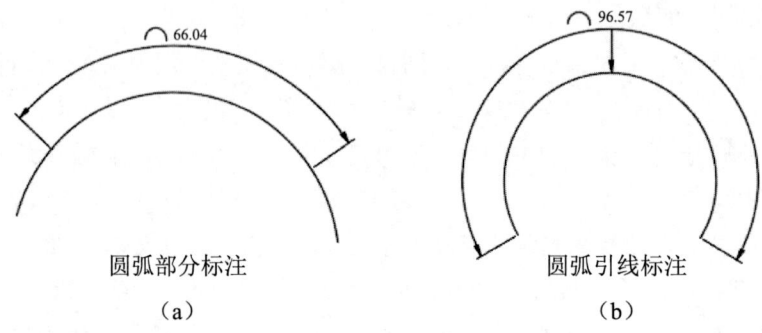

圆弧部分标注	圆弧引线标注
（a）	（b）

图 6-23　圆弧标注

6.3.4.8　折弯标注

折弯标注命令的调用方法主要有如下四种：

第一种方法：在命令行中输入"DIMJOGGED"命令。

第二种方法：选择菜单栏中的"标注"→"折弯"命令。

第三种方法：单击"标注"工具栏中的"折弯"按钮 。

第四种方法：单击"默认"选项卡"注释"面板中的"折弯"按钮 ，或单击"注释"选项卡"标注"面板上"折弯"按钮 。

执行上述操作后，根据系统提示选择要标注的圆弧或圆，并指定图示中心位置和尺寸线位置，或选择"多行文字（M）""文字（T）""角度（A）"等其他选项，完成之后指定折弯位置。

6.3.4.9　圆心标记

圆心标记是指标注出圆心所在的位置。"圆心标记"命令的调用方法主要有如下四种：

第一种方法：在命令行中输入"DIMCENTER"命令。

第二种方法：选择菜单栏中的"标注"→"圆心标记"命令。

第三种方法：单击"标注"工具栏中的"圆心标记"按钮 。

第四种方法：单击"注释"选项卡"标注"面板上"圆心标记"按钮 。

执行上述操作后，根据系统提示选择要标注中心或中心线的圆或圆弧。

6.3.4.10　基线标注

基线标注用于产生一系列基于同一条尺寸界线的尺寸标注，适用于长度尺寸标注、角度标注和坐标标注等。在使用基线标注方式之前，应该先标注出一个相关的尺寸。基线标注命令的调用方法主要有如下四种：

第一种方法：在命令行中输入"DIMBASELINE"命令。

第二种方法：选择菜单栏中的"标注"→"基线"命令。

第三种方法：单击"标注"工具栏中的"基线"按钮 ⊢。
第四种方法：单击"注释"选项卡"标注"面板上"基线"按钮 ⊢。

执行上述操作后，根据系统提示指定第二条尺寸界线原点或选择其他选项。执行此命令时，命令行中各选项含义如下：

指定第二条尺寸界线原点：直接确定另一个尺寸的第二条尺寸界线的起点，AutoCAD 以上次标注的尺寸为基准标注，标注出相应尺寸。

选择：在上述提示下直接按 Enter 键，在命令行提示下选择作为基准的尺寸标注。

6.3.4.11 连续标注

连续标注用于产生一系列连续的尺寸标注，后一个尺寸标注均把前一个标注的第二条尺寸界线作为它的第一条尺寸界线。连续标注适用于长度型尺寸标注、角度型标注和坐标标注等。在使用连续标注方式之前，应该先标注出一个相关的尺寸。连续标注命令的调用方法主要有如下四种：

第一种方法：在命令行中输入"DIMCONTINUE"命令。
第二种方法：选择菜单栏中的"标注"→"连续"命令。
第三种方法：单击"标注"工具栏中的"连续"按钮 ⊢⊢。
第四种方法：单击"注释"选项卡"标注"面板上"连续"按钮 ⊢⊢。

执行上述操作后，根据系统提示拾取相关尺寸，在命令行提示下指定第二条尺寸界线原点或选择其他选项，执行此命令时，命令行中各选项与基线标注中完全相同，不再赘述。

6.3.4.12 快速尺寸标注

快速尺寸标注命令 QDIM 使用户可以交互地、动态地、自动化地进行尺寸标注。在 QDIM 命令中可以同时选择多个圆或圆弧标注直径或半径，也可同时选择多个对象进行基线标注和连续标注，选择一次即可完成多个标注，因此可节省时间，提高工作效率。快速尺寸标注命令的调用方法主要有如下四种：

第一种方法：在命令行中输入"QDIM"命令。
第二种方法：选择菜单栏中的"标注"→"快速标注"命令。
第三种方法：单击"标注"工具栏中的"快速标注"按钮 ⊢。
第四种方法：单击"注释"选项卡"标注"面板上"快速标注"按钮 ⊢。

执行上述操作后，根据系统提示选择要标注尺寸的多个对象后按 Enter 键，并指定尺寸线位置或选择其他选项。执行此命令时，命令行中各选项的含义如下：

指定尺寸线位置：直接确定尺寸线的位置，则在该位置按默认的尺寸标注类型标注出相应的尺寸。

连续（C）：产生一系列连续标注的尺寸。输入"C"，AutoCAD 提示用户选择要进行标注的对象，选择完后按 Enter 键，返回上面的提示，给定尺寸线位置，则完成连续尺寸标注。

并列（S）：产生一系列交错的尺寸标注。

基线（B）：产生一系列基线标注尺寸。后面的"坐标（O）""半径（R）"和"直径（D）"的含义与此类同。

基准点（P）：为基线标注和连续标注指定一个新的基准点。

编辑（E）：对多个尺寸标注进行编辑。AutoCAD 允许对已存在的尺寸标注添加或移去尺寸点。选择该选项，根据系统提示确定要移去的点之后按 Enter 键，AutoCAD 则对标注进行更新。

6.3.4.13　等距标注

等距标注是指等距离地连续标注一系列的尺寸。这也是 AutoCAD 新增加的标注方法。等距标注命令的调用方法主要有如下四种：

第一种方法：在命令行中输入"DIMSPACE"命令。

第二种方法：选择菜单栏中的"标注"→"等距标注"命令。

第三种方法：单击"标注"工具栏中的"等距标注"按钮 。

第四种方法：单击"注释"选项卡"标注"面板上"等距标注"按钮 。

执行上述操作后，根据系统提示选择平行线性标注或角度标注，在命令行提示下选择平行线性标注或角度标注以从基准标注均匀隔开并按 Enter 键，选择完毕后，指定间距或按 Enter 键。执行此命令时，命令行中各选项的含义如下：

输入值：指定从基准标注均匀隔开选定标注的间距值。

自动（A）：基于在选定基准标注的标注样式中指定的文字高度自动计算间距。所得的间距值是标注文字高度的两倍。

6.3.4.14　折断标注

当圆弧半径过大，在图纸范围内无法标出圆心位置时，可以采用折断标注。折断标注命令的调用方法主要有如下四种：

第一种方法：在命令行中输入"DIMBREAK"命令。

第二种方法：选择菜单栏中的"标注"→"标注打断"命令。

第三种方法：单击"标注"工具栏中的"折断标注"按钮 。

第四种方法：单击"注释"选项卡"标注"面板上"折断标注"按钮 。

执行上述操作后，根据系统提示选择标注，或输入"M"并按 Enter 键，在命令行提示下选择与标注相交或与选定标注的尺寸界线相交的对象和要折断标注的对象。执行此命令时，命令行中各选项的含义如下：

多个（M）：指定要向其中添加打断或要从中删除打断的多个标注。

自动（A）：自动将折断标注放置在与选定标注相交的对象的所有交点处。修改标注或相交对象时，会自动更新使用此选项创建的所有折断标注。

删除（R）：从选定的标注中删除所有折断标注。

手动（M）：手动放置折断标注。为打断位置指定标注或尺寸界线上的两点。如果修改标注或相交对象，则不会更新使用此选项创建的任何折断标注。使用此选项，一次仅可以放置一个手动折断标注。

6.3.4.15 引线标注

AutoCAD 提供了引线标注功能，利用该功能不仅可以标注特定的尺寸，如圆角、倒角等，还可以实现在图中添加多行旁注、说明。在引线标注中指引线可以是折线，也可以是曲线，引线端部可以有箭头，也可以没有箭头。

1．一般引线标注

利用 LEADER 命令可以创建灵活多样的引线标注形式，可根据需要把引线设置为折线或曲线，引线可带箭头，也可不带箭头，注释文本可以是多行文本，也可以从图形其他部位复制，还可以是一个图块。引线标注命令的调用方法为在命令行中输入"LEADER"命令。

执行上述操作后，根据系统提示输入引线的起始点和另一点，在命令行提示下继续指定下一点或选择其他选项。执行此命令时，命令行中各选项的含义如下：

（1）指定下一点：直接输入一点，AutoCAD 根据前面的点画出折线作为引线。

（2）注释：输入注释文本为默认项。在上面提示下直接按 Enter 键，则命令行中各选项的含义如下：

输入注释文本：在此提示下输入第一行文本后按 Enter 键，用户可继续输入第二行文本，如此反复执行，直到输入全部注释文本，然后在此提示下直接按 Enter 键。AutoCAD 会在引线终端标注出所输入的多行文本，并结束 LEADER 命令。

选项：直接按 Enter 键，则命令行中各选项的含义如下：

公差（T）：标注形位公差。

副本（C）：把已由 LEADER 命令创建的注释复制到当前引线的末端。选择该选项，在命令行提示下选择要复制的对象。在此提示下选取一个已创建的注释文本，则 AutoCAD 将其复制到当前引线的末端。

块（B）：插入块，把已经定义好的图块插入到指引线末端。执行该选项，系统提示"输入块名或[？]："。在此提示下输入一个已定义好的图块名，AutoCAD 把该图块插入到指引线的末端。或输入"？"列出当前已有图块，用户可从中选择。

无（N）：不进行注释，没有注释文本。

多行文字：用多行文本编辑器标注注释文本并定制文本格式，为默认选项。

（3）格式（F）：确定引线的形式。根据命令行提示选择引线形式，或直接按 Enter 键回到上一级提示。选择该选项时，命令行中各选项的含义如下：

样条曲线（S）：设置引线为样条曲线。

直线（ST）：设置引线为折线。

箭头（A）：在引线的起始位置画箭头。

无（N）：在引线的起始位置不画箭头。

退出：此项为默认选项，选取退出"格式"选项，返回"指定下一点或 [注释（A）/格式（F）/ 放弃（U）]< 注释 >："提示，并且引线形式按默认方式设置。

2．快速引线标注

利用 QLEADER 命令可快速生成引线及注释，而且可以通过命令行优化对话框进行用户自定义，由此可以消除不必要的命令行提示，取得最高的工作效率。快速引线标注命令的调用方法是在命令行中输入"QLEADER"命令。

执行上述操作后，根据系统提示指定第一个引线点或选择其他选项。此时，命令行中各选项的含义如下：

指定第一个引线点：根据系统提示指定引线的第二点和第三点。AutoCAD 提示用户输入的点数目由"引线设置"对话框确定。输入完引线的点后输入多行文本的宽度和注释文字的第一行或其他选项。此时，命令行中各选项的含义如下：

输入注释文字的第一行：在命令行输入第一行文本。在系统提示下继续输入另一行文本或按 Enter 键。

多行文字（M）：打开多行文字编辑器，输入编辑多行文字。输入全部注释文本后，在此提示下直接按 Enter 键，AutoCAD 结束 QLEADER 命令并把多行文本标注在引线的末端附近。

设置：在上面提示下直接按 Enter 键或输入"S"，AutoCAD 打开"引线设置"对话框，允许对引线标注进行设置。该对话框包含"注释""引线和箭头"和"附着"三个选项卡，对话框中各选项卡的含义如下：

"注释"选项卡如图 6-24 所示：用于设置引线标注中注释文本的类型、多行文本的格式，并确定注释文本是否多次使用。

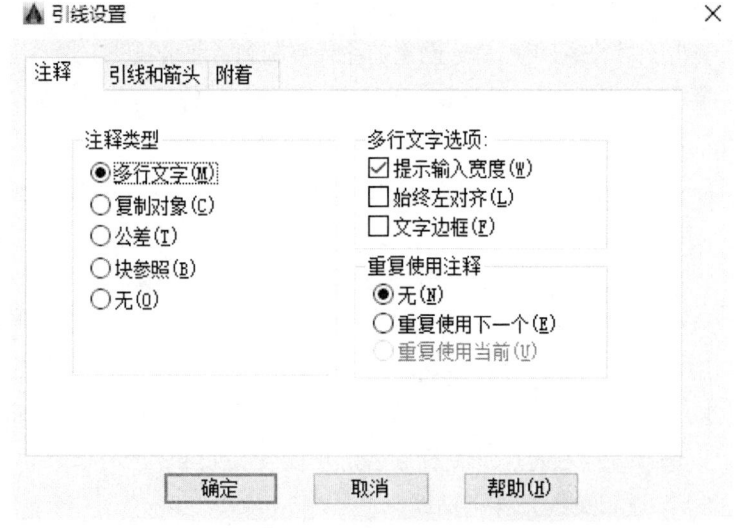

图 6-24　"引线设置"对话框中的"注释"选项卡

"引线和箭头"选项卡如图 6-25 所示：用来设置引线标注中引线和箭头的形式。其中，"点数"选项组设置执行 QLEADER 命令时 AutoCAD 提示用户输入的点的数目。例如，设置点数为 3，执行 QLEADER 命令时当用户在提示下指定 3 个点后，AutoCAD 自动提示用户输入注释文本。注意设置的点数要比用户希望的引线的段数多 1。可利用微调框进行设置，如果选中"无限制"复选框，AutoCAD 会一直提示用户输入点直到连续按两次 Enter 键为止。"角度约束"选项组设置第一段和第二段引线的角度约束。

图 6-25 "引线设置"对话框中的"引线和箭头"选项卡

"附着"选项卡如图 6-26 所示：设置注释文本和引线的相对位置。如果最后一段引线指向右边，AutoCAD 自动把注释文本放在右侧；如果最后一段引线指向左边，AutoCAD 自动把注释文本放在左侧。利用本页左侧和右侧的单选按钮分别设置位于左侧和右侧的注释文本与最后一段引线的相对位置，二者可相同也可不相同。

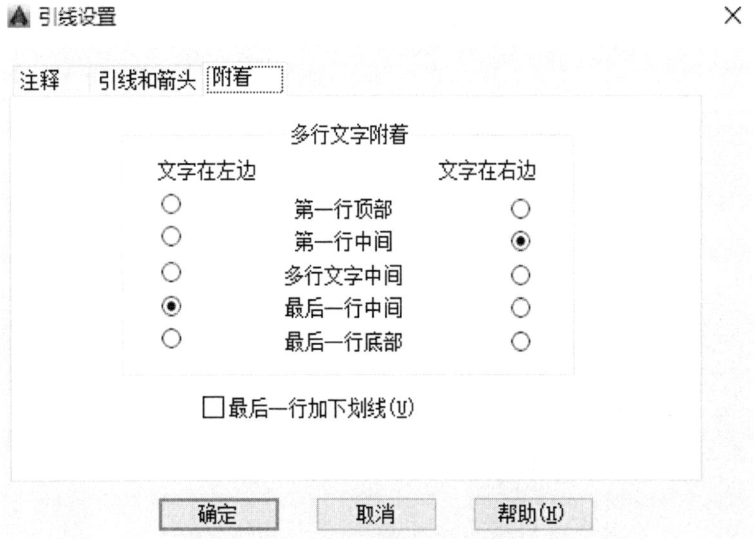

图 6-26 "引线设置"对话框中的"附着"选项卡

6.4 图形查询

在绘图、用图和管理图形文件时，经常需要获取各种图形对象的相关信息。例如，点的坐标位置、点与点之间的距离、直线的长度与角度、图形范围的面积等。为了方便这些查询工作，AutoCAD 提供了相关的查询命令。

6.4.1 查询距离

查询距离命令的方法主要有如下三种：
第一种方法：在命令行中输入"DIST"命令。
第二种方法：选择菜单栏中的"工具"→"查询"→"距离"命令。
第三种方法：单击"查询"工具栏中的"距离"按钮。

执行上述操作后，根据系统提示指定要查询的第一点和第二点，然后即可显示要查询的距离及 X 增量和 Y 增量。点坐标、面积、面域/质量特性查询与距离查询类似，不再赘述。

6.4.2 查询对象状态

查询对象状态命令的调用方法主要有如下两种：
第一种方法：在命令行中输入"STATUS"命令。
第二种方法：选择菜单栏中的"工具"→"查询"→"状态"命令。

执行上述操作后，系统自动切换到文本显示窗口，显示当前文件的状态，包括文件中的各种参数状态以及文件所在磁盘的使用状态，如图 6-27 所示。

列表显示、点坐标、时间、系统变量等查询工具与查询对象状态方法和功能相似，不再赘述。

```
选择对象:
              LWPOLYLINE  图层: "0"
                          空间: 模型空间
                句柄 = 26d
       闭合
     固定宽度     0.0000
         面积    185233.6344
         周长    1748.5965
       于端点    X=1570.3026   Y=1994.5060   Z=    0.0000
       于端点    X=2084.0397   Y=1994.5060   Z=    0.0000
       于端点    X=2084.0397   Y=1633.9448   Z=    0.0000
       于端点    X=1570.3026   Y=1633.9448   Z=    0.0000
                 圆          图层: "0"
                            空间: 模型空间
                 句柄 = 269
         圆心 点, X=1154.6951   Y=1775.2848   Z=    0.0000
         半径    219.3989
         周长    1378.5240
         面积    151223.3267
```

图 6-27 图形信息的文本显示

思考练习题

1. 在表格中不能插入（　　）。

A. 块　　　　　　　B. 字段　　　　C. 公式　　　　D. 点

2. 在设置文字样式时，设置了文字的高度，其效果是（　　）。

A. 在输入单行文字时，可以改变文字高度

B. 输入单行文字时，不可以改变文字高度

C. 在输入多行文字时，不能改变文字高度

D. 都能改变文字高度

3. 在正常输入文字时，却显示"？"，是何原因？（　　）

A. 因为文字样式没有设定好　　　B. 输入错误

C. 堆叠字符　　　　　　　　　　D. 字高太高

4. 如果要将绘图比例为10∶1的图形标注为实际尺寸，则应将比例因子改为多少？该比例因子位于哪个选项卡下？（　　）

A. 0.1，"调整"选项卡　　　　　B. 0.1，"主单位"选项卡

C. 0.1，"调整"选项卡　　　　　D. 0.1，"换算单位"选项卡

5. 在"尺寸样式管理器"中将"测量单位比例"的比例因子设置为0.5，则30°的角度被标注为（　　）。

A. 15°　　　　　　　　　　　　B. 60°

C. 30°　　　　　　　　　　　　D. 与注释比例相关，不定

6. 使用多行文本编辑器时,其中 %%C、%%D、%%P 分别表示（   ）。
   A. 直径、度数、下划线   B. 直径、度数、正负
   C. 度数、正负、直径   D. 下划线、直径、度数
7. 下列尺寸标注中共用一条基线的是（   ）。
   A. 基线标注   B. 连续标注
   C. 公差标注   D. 引线标注

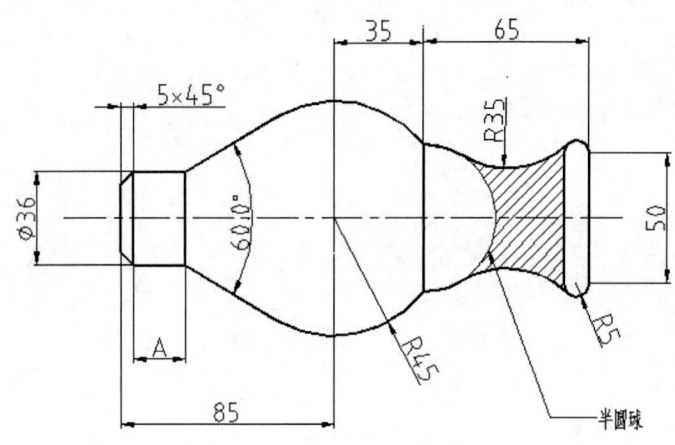

上机训练

1. 按上图所示尺寸完成图形的绘制与标注,并选择如下正确答案。
   (1) A 的长度值是多少?
   A. 21.177   B. 22.177   C. 23.177   D. 24.177
   (2) 半圆球的直径值是多少?
   A. 56.569   B. 57.669   C. 55.366   D. 54.699
   (3) 图形中阴影部分的周长是多少?
   A. 206.993   B. 207.695   C. 208.354   D. 209.663
   (4) 阴影面积是多少?
   A. 1257.354   B. 1256.260   C. 1258.222   D. 1257.465
   (5) R45 弧长值是多少?
   A. 66.663   B. 63.663   C. 63.336   D. 66.336
2. 绘制下图中的表格。

育红中学宗地界址点成果表

界 址 点 成 果 表				第1页	
				第1页	
宗地编号：123314					
宗地名：育红中学					
宗地面积（平方米）					
建筑面积（平方米）					
界址点坐标					
序号	点号	坐 标		边长	
		X	Y		

第 7 章　测绘符号制作

教学过程设计与建议

课程内容	7.1　地形图图式符号的分类 7.2　创建地形图独立地物符号 7.3　创建地形图线型 7.4　定制地形填充图案
任务设计	以地形图式符号为例，就点状符号、线型符号、填充符号的制作进行讲解，让学生独立练习，从中学习符号的绘制和编写方法。
知识目标	掌握简单的、常用的一般线文件，带符号、带型的文件的编写、加载方法。定制地形图线形符号库、面域填充符号库，理解 **.1in、**.pat 文件的分类保存方法。
能力目标	能够编写和加载简单、常用的线文件，带符号、带型的文件；能编写和加载地形图线性符号库、面域填充符号。
教学重点	一般线文件，带符号、带型的文件的编写、加载方法；定制地形图线性符号库、面域填充符号库。
教学难点	**.lin、**.pat 文件的分类保存方法。
授课形式建议	教师演示与学生练习相结合。
教学过程设计	教师演示：文件的制作→文件的加载→示例的演示。
技能训练	学生练习：给出训练图例，制作简单文件或线型、形文件的编写→加载→实现。
考核标准	定义下图所示的栅栏，并使用该栅栏形式绘制一段边长为 100 的正方形。

随着计算机和测量技术的快速发展，数字化测图已经取代了传统的白纸测图，成为今天各种地形图、平面图、地籍图测绘的主要方式。数字测图实质上是一种全解析机助测图方法，在地形测绘发展过程中是一次根本性的技术变革，它是以数字形式存储在计算机存储介质上，用以表达地物、地貌特征点的空间集合形态。地图符号在数字地图中占有很重要的作用，它是地图语言的核心，是传输和表达地理现象空间分布的特种语言。AutoCAD作为数字化成图的主要应用软件，仅依靠自身附带的地图符号，是不能满足数字化测图中各种复杂符号的需求的，因此需要在此基础上进行定制和开发。

数字测图中所用的图式必须遵循国家颁布的地形图图式规范——《国家基本比例尺地图图式　第1部分：1:500　1:1000　1:2000地形图图式》（GB/T 20257.1-2007）。本项目内容就是在对该规范进行仔细研究和科学分析的基础上，根据AutoCAD 2010绘图特点，具体介绍测绘符号的制作和定制方法。

7.1 地形图图式符号的分类

地形图图式是地形图上表示各种地物和地貌要素的符号、注记和颜色的规则和标准，是测绘和出版地形图必须共同遵守的基本依据之一，是由国家统一颁布执行的标准。统一而标准的图式科学地反映了实地的形态和特征，是人们识别和使用地形图的重要工具，是测图者和用图者相互沟通的语言。为使数字地形图更好地满足各部门的需要，数字测图软件不仅需要建立一个完整的图式符号库，而且在设计上还应当遵守国家或部门的有关标准。

7.1.1 地形图符号的基本特征

地形图符号由点、线、几何图形及有关注记组成，它是测图者和用图者互相沟通的语言，是地面信息在图纸上的集中表现。任何一个符号都具有形状、大小和颜色三个基本特征。

7.1.1.1 符号的形状

地形图符号的形状（图形）是用于区别物体或现象的主要标志，其形状应力求与被表达的物体有神似或形似的关系，即具有会形或会意的特点，既便于区分又便于识别。由于地形图是平面图，与实地有一定的比例关系，而地面信息既有平面的或立体的实物，如水井和宝塔等，也有纯意象性的非实体，如境界、水流方向、等高线等。因此，地形图符号绝大部分是按照正射投影的原理构成缩小的平面图形，然后在平面图形内绘以补充标志（说明符号、说明注记和颜色等），以区别不同物体的性质或数量，按其形状特征可分为：

（1）正形符号。这种符号以物体垂直投影后的几何形状表示，如图7.1所示中的居民地边界、湖泊边界等。单个的物体（简称独立地物）则以其投影后的象形图案表示，如粮仓、水井、独立房等。

图形特征	符号及名称		
正形符号	居民地 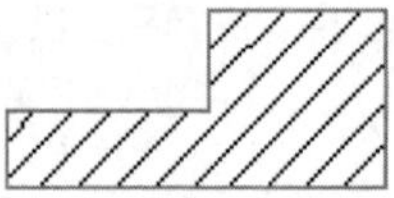	湖泊 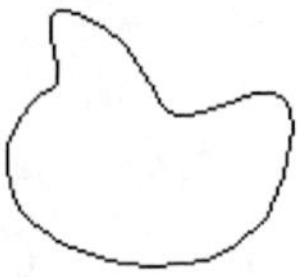	花坛 
侧形符号	树 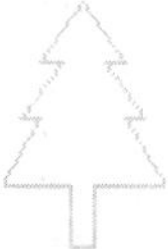	水塔 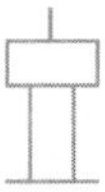	起重机 
象形符号	路灯 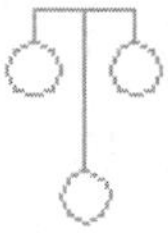	喷泉 	无线电杆塔 

图 7-1 符号的图形分类

（2）侧视符号。这种符号从物体一侧按正射投影后的抽象几何形状表示，一般都是独立物体，如图 7.1 中的水塔、树、起重机等。这些地物若从垂直投影看，它们都具有相似的外轮廓，如塔、亭的垂直投影形状可能都是正六边形，难以区分，而从人侧面观之，则有不同的形状。

（3）象征性符号。有些地物无论从垂直投影还是从侧面正射投影看，其形状均易雷同。例如，路灯、喷泉等象形符号。其他如学校用"文"、卫生所用"+"等象征其作用。

（4）会意符号。有些地物在地面上虽有位置，但无论用何种比例尺缩绘，它只能是一个点，如三角点、控制点等；有些地面信息只有概念而无实物，如境界只有境界标志而无境界线。诸如此类信息只能用会意符号表示。如用"△"表示三角点，而控制点和图根点符号则纯属会意的。国界线、省界线等只是按其重要程度用不同形式的线段加以区分。

（5）注记符号。有些地物只从形状上还难以区分其性质，因此，必须附加某些说明注记以示区别。例如，同是一个矿井符号，但要区分其为铜、铁、磷或煤，就必须在其旁加注相应属性字。因此，不论是数字注记还是汉字注记，都可看成是地形图的符号之一。

7.1.1.2 符号的大小

符号的大小特征也就是符号的尺寸特征，它与实地物体的大小和重要程度有关。重要的物体一般以大的符号和较粗的线来描绘。例如，国界的线宽为 0.8 mm，界碑点为直径 1.0 mm 的黑点；省界线宽为 0.6 mm，界碑点直径为 0.8 mm。又如公路用 0.3 mm 的粗线表示铺面宽，用两条 0.15 mm 的细线表示路基宽，如此等等。

7.1.1.3 符号的颜色

符号的颜色主要用以区别地物大类的基本性质，增强地形图的表现力，提高艺术效果，使之美观逼真、清晰易读。由于目前我国的地形图一般只采用四色印刷，所以不能完全按物体的自然色表示出来，而只能按 4 大类分别表示，即：

黑色表示人工物体，如居民地、道路、管线与垣栅、境界等。
蓝色表示水系要素，如河流、湖泊、沟渠、泉、井等。
棕色表示地貌与土质，如等高线、特殊地貌符号等。
绿色表示植被要素，如森林、果园等。

值得指出的是，符号的颜色是指出版图而言，有的只用三色出版（用绿色表示水系而无蓝色）。但对于外业原图来说，一般都是用黑色描绘，特别是工程用的大比例尺地形图，通常并不出版，只是晒印蓝图，以供应用。当然，在自动绘图机上也是可以绘出多色图的。

7.1.2 地形图符号的分类

目前，大比例尺地形图图式中有 10 大类共 410 多个符号（注记除外），表示地面上千姿百态和千差万别的物体。根据符号与实地物体的比例关系可将地形图符号分成以下三种类型。

7.1.2.1 依比例符号

依比例符号又叫真形符号或轮廓符号，以保持物体平面轮廓形状的相似性为特征，轮廓位置准确，如森林、海洋、湖泊、草地、沼泽地，以及某些较大的建筑设施等。

依比例符号是由轮廓和填充符号组成，轮廓表示面状物体的真实位置与形状，其线有实线、虚线和点线之分，分别表示位置明显的、准确而无实物的和不明显的界线，如岸线、境界线和地类界。填充符号只起说明物体性质的作用，不表示物体的具体位置，是一种配置性的符号，有时还要加注文字或数字以说明其质量或数量特征，如森林符号。水域在出版图上涂以蓝色，不再填充符号，但在地形单色原图上不作填充。

7.1.2.2 不依比例符号

不依比例符号又叫点状符号或独立符号，以不保持物体的平面轮廓形状为特征，只表示该地物在图上的点位和性质。这是由于某些独立地物实在太小，按比例缩绘在图上只能是一个点，所以用一个专门的符号表示，如三角点、控制点、独立树、纪念碑、水井等。当然，在大比例尺测图时，有些独立地物仍然可以按比例描绘其轮廓，则必须如实测绘，再在其中适当位置绘一独立符号，如图 7-2（a）所示之亭符号。由此可见，独立符号有时可作填充符号，反之亦然，如图 7-2（b）所示之竹林符号。

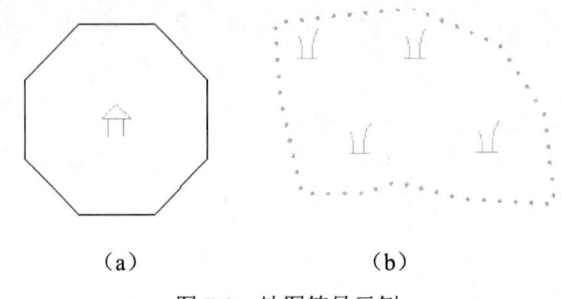

图 7-2　地图符号示例

7.1.2.3　半依比例符号

半依比例符号是指物体的长度按比例描绘而宽度不按比例描绘的符号，在实地上大都是一些狭长的线状物体，所以又称为线状符号。如铁路、公路、城墙、通信线和高压线等。但在某些较大比例尺的测图中，有时铁路、公路的宽度也可以依比例尺表示，则成为依比例表示的符号。

符号的依比例、半依比例或不依比例没有绝对的概念，同一地物可能同时用两类符号表示。例如，河流的发源端绘成半依比例的单线，到中游和下游则逐渐变成依比例的双线河。同一地物在不同比例尺的图上可能用不同类的符号表示，如独立房屋有时是不依比例的独立符号，而在更大比例尺的测图中却可依比例描绘。

7.1.3　建立地形图图式符号的一般原则

在 AutoCAD 平台上定制测绘符号通常有两种方法：一种是利用形文件，另一种是使用图块。无论是编"形"还是"块"，因其具体需要有不同的要求，制作方式也有很大区别，但都必须遵循国家测绘局的统一标准，实行统一的原则，才能使符号在不同的条件下统一使用。

测量绘图系统根据各系统的目的不同，设计原则也各不相同。根据要求，应遵循以下原则：

（1）严格保证图形符号符合国家标准的地形图图式。

（2）地物符号的整体性。符号一体，属性关联。

（3）产生的交换文件简洁，图载信息无损失。

（4）方便作业员操作，尽可能提高作业效率。

7.2 创建地形图独立地物符号

控制点、植被符号、独立地物都属于点状符号。AutoCAD 用块（block）和形（shape）来定义点状符号。块是一种特殊化了的 AutoCAD 图形文件（*.dwg），可用于所有符号的定义，方法简便直观，且可定义属性块，实现带注记的符号（如导线点）的绘制。块的缺点是占用磁盘空间比较大。形是一种用文本文件（扩展名是.shp 和.shx）定义的矢量符号，由 AutoCAD 进行解释绘制，可用于定义各种符号、文本字符集等。与块相比，形具有占用磁盘少的的特点，适用于规则符号的定义，但定义过程烦琐复杂。无论是使用图块还是形文件定制独立地物符号，首先都要确定点状符号的定位点和符号的尺寸大小。

7.2.1 独立地物符号的定位点选择

不依比例符号是以符号的"主点"和与之相对应地物垂直投影后"中心点位"相重合为特征的，而独立符号是由几何图形组成，既有单个的几何图形，也有复合的几何图形。因此，图形的"主点"就是定位点，如图 7-3 所示。其基本法则是：

定位点	图 例			
中心点	亭子 		窑	
图形中心	矿井		水车 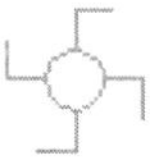	
底线中心	水塔 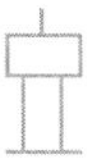		散坟	
直角顶点	路标		独立树 	
下方中心	旗杆 		烟囱 	

图 7-3 不依比例符号的定位点图

带点的符号，如三角点、亭子、窑等的中心点就是主点。
具有典型的几何形状的符号，如电杆、石油井、抽水机站、粮仓等的几何中心就是

"主点"。

具有宽底的符号，如水塔、环保检测站、散坟等，其底线中心就是"主点"。

底部成直角状的符号，如独立树、汽车站、路标等，其直角顶点就是"主点"。

由多种几何图形组成的符号，如瞭望塔、清真寺、教堂等，其下部几何图形中心就是"主点"。

其他图案符号，如矿井、水车、发电厂等，其符号的中心就是"主点"。

底端为缺口的符号，如亭、城门、山洞等，其缺口底端中心就是"主点"。

不依比例符号的主点也就是野外采样时所要测定的碎部点。

7.2.2 符号尺寸大小的确定

由于大多数点状符号是不依比例尺变化的，所以同一符号在不同比例尺地形图中，其实际大小尺寸是不同的。如尺寸为 1mm 的符号，1mm 指在图纸上的尺寸。因此对于 1∶1000 比例尺地形图，该符号在图形文件中的实际尺寸为 1m。由于符号的尺寸与比例尺有关，因此一般选择 1∶1000 为基本比例尺来制作符号，这样图纸上 1mm 符号的实际尺寸为 1m。为便于换算，当在 1∶500 比例尺地形图中插入该符号时，插入比例应为 0.5，而在 1∶2000 的地形图中插入该符号时，插入比例应为 2，其他比例尺以此类推。

7.2.3 利用图块功能创建独立地物符号

图块是 AutoCAD 系统中最具特色的图形实体，可以在图形系统中随意定制，并以文件形式保存，绘图时可以任意插入图形中。图块的特性包括：组成图块的可能是一个或一组图形的集合，但每个对象都可以有自己的图层、线型、颜色等。把本部门或本行业中常用的图形做成图块库，有助于图形的统一和标准化。每个块在图形文件中只存储一次而可多次插入使用，计算机只保存插入信息如块名、插入点、缩放比例等而不重复保存图块整个信息，这样就可节省存储空间。当修改了图块定义后，所有原插入该图块的地方全都根据新图块而自动更新，这样就可提高修改的效率。

在 AutoCAD 中，用图块功能创建独立地物符号，主要是根据独立地物符号形状和尺寸制作完成图块后，通过定义其属性来制作独立地物符号，以后在使用时，直接插入该图块，同时加入相关属性，如点号、高程值等。

图块的属性从属于图形的文本信息，应用于形式相同而文字内容需要变化的情况。如零件的生产日期、材料，水准点的点名、高程等。定义图块属性的方法有：

单击菜单"绘图"→"块"→"定义属性…"。

在命令行输入"attdef"。

输入命令后，将弹出"属性定义"对话框，如图 7-4 所示。

该"属性定义"对话框中各项设置的含义如下：

1."模式"区

"不可见":选中该复选框表示属性不可见。

"固定":选中该复选框表示属性为一个固定值,在插入图块时不会提示用户输入属性值,也不能修改该值,除非重新定义图块。

"验证":选中该复选框表示在插入属性时先显示默认值,等待用户确认,也可输入新属性值并进行验证。

"预设":选中该复选框表示在插入属性时自动接受默认值,但该属性可编辑。

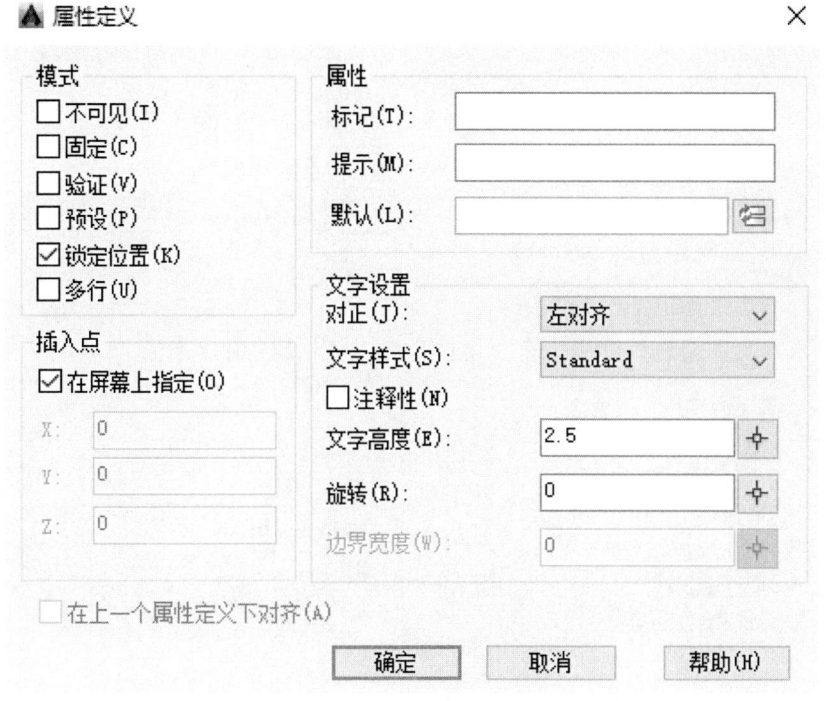

图 7-4 "属性定义"对话框

"锁定位置":选中该复选框表示该属性可以相对于块的其余部分移动。

"多行":选中该复选框表示属性文字可以多行显示。单行文字属性与多行文字属性之间有如下区别:

单行文字属性在用户界面上限制在 255 个字符以内。

多行文字属性比单行文字属性提供了更多格式选项。

编辑单行文字属性和多行文字属性时会显示不同的编辑器。

多行文字属性显示四个夹点(与多行文字类似),而单行文字属性仅显示一个夹点。

图形保存到 AutoCAD 2007 或早期版本时,多行文字属性将转换为若干单行文字属性,每个单行文字属性将分配到原多行文字属性文字的各行。如果在当前版本中打开图形文件,则这些单行文字属性将自动合并到一个多行文字属性中。

2."属性"区

"标记":定义图块时的属性标记。

"提示":插入图块属性时在 AutoCAD 的命令行出现的提示。

"默认":图块具体的属性值。

3."文字设置"区

"文字设置"区各个文本框中可用于设置属性标记文本的特征。

【例 7.1】 创建如图 7-5 所示的具有点号、高程属性的水准点。

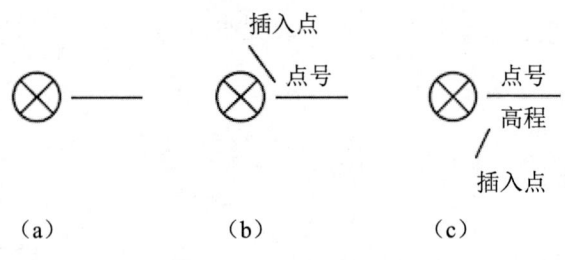

图 7-5 例 7.1 图样

操作步骤为:

(1)绘制图形,如图 7-5(a)所示。

(2)输入定义图块属性命令,在"属性定义"对话框中输入如图 7-6 所示的设置。

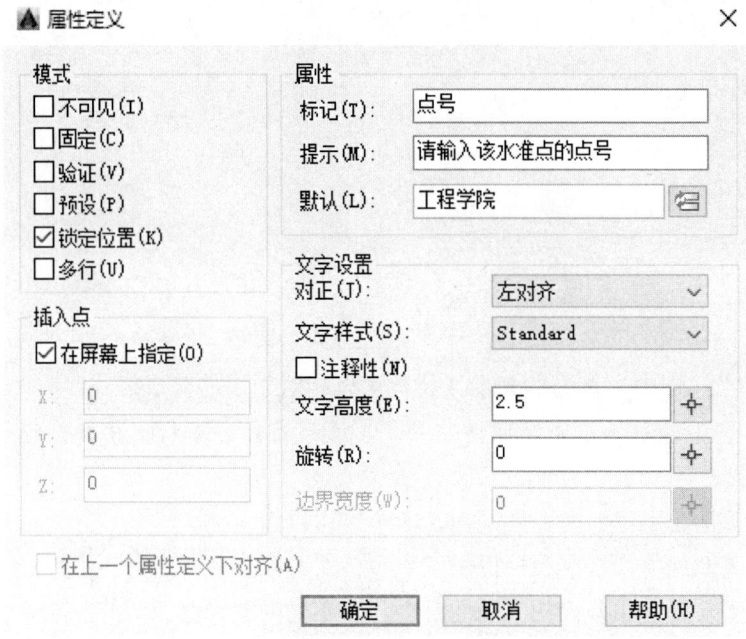

图 7-6 点号在"属性定义"对话框中的设置

(3)单击"确定"按钮,在 AutoCAD 作图区拾取该属性标记(点号)的插入点,如图 7-5(b)所示。

(4)输入定义图块属性命令,在"属性定义"对话框中输入如图 7-7 所示的设置。

(5)单击"确定"按钮,在 AutoCAD 作图区拾取该属性标记(高程)的插入点,如图 7-5(c)所示。

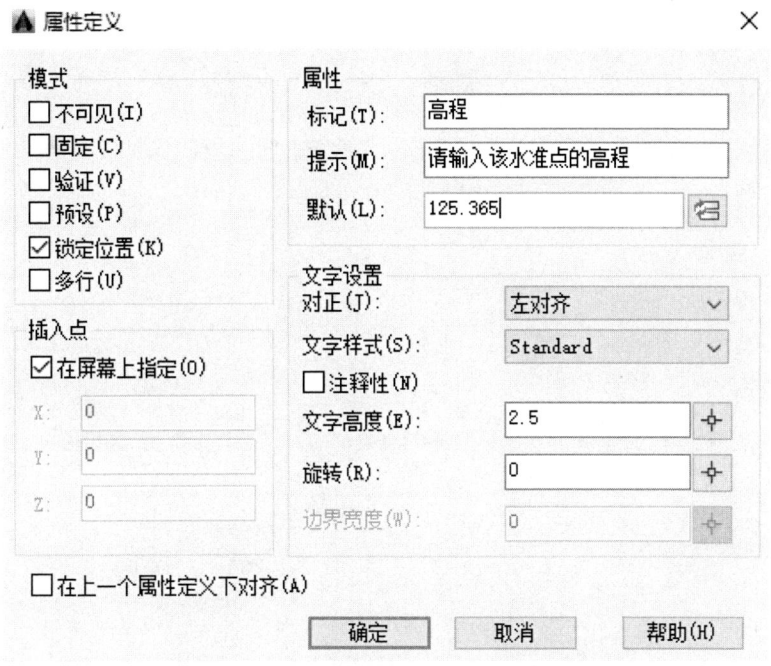

图 7-7 高程在"属性定义"对话框中的设置

（6）在 AutoCAD 的命令行输入"wblock"，在随后弹出的"写块"对话框，如图 7-8 所示中进行设置，其中拾取的基点选择圆心，对象选择整个图形。

（7）单击"确定"按钮即创建了包含两个属性的图块。

图 7-8 "写块"对话框的设置

【例 7.2】如图 7-9 所示，在坐标为（200，200）的点处插入上例中创建带属性的水准点。

操作步骤为：

（1）在 AutoCAD 的命令行输入"ddinsert"，在随后弹出的图如 7-9 所示的"插入"对话框中进行设置。

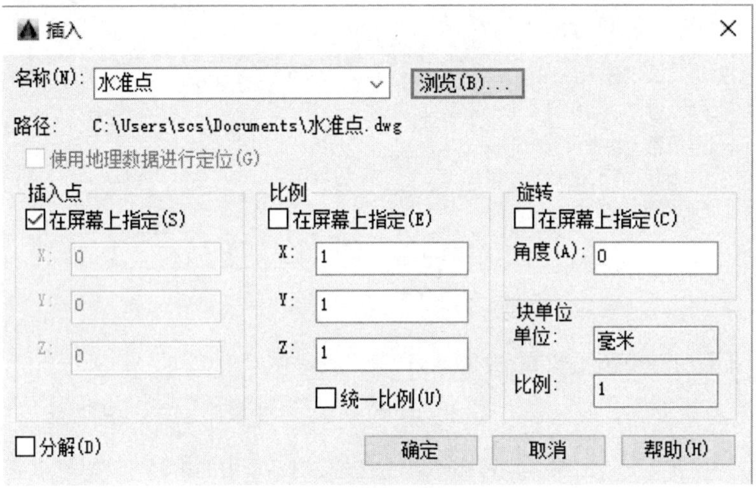

图 7-9 "插入"块对话框图

（2）单击"确定"按钮，则命令行出现如下提示：

命令：ddinsert

指定插入点或 [基点（B）/ 比例（S）/ X / Y / Z / 旋转 R/ 预览比例（PS）/PX/PY/PZ/ 预览旋转（PR）]：200，200（指定图块的插入点）

输入属性值

请输入该点的高程〈125.365 m〉：128.259m（指定图块新的高程值）

请输入该点的点号＜工程学院＞：（默认验证的高程属性值）

效果图如图 7-10 所示。

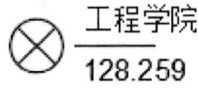

7-10 例 7.2 图样

说明："属性定义"对话框中的"插入点"是指图块属性标记的插入点。"插入"对话框中的"插入点"是指图块在绘图区的插入点。

7.2.4 利用形功能创建独立地物符号

形是用直线、圆弧或圆来定义的特殊实体，形式类似于块的定义方法，但两者定义完全不同。与形相比，块简单易懂、容易掌握，通用性强。块需要在绘图过程中定义，而形则由形文件在外部支持。调用一个形只需将形代码和变量参数记录在图形文件中。组成形的矢量只能被读取到缓冲区中，并不实际存入到图形文件中。

在 AutoCAD 中，形从定义到绘成图形，一般需要以下几个步骤：

（1）按规定格式进行形定义。

（2）用文本编辑器或文字处理器建立形文件，形文件的后缀名为"．shp"。

（3）用编译命令 compile 对已经生成的形文件进行编译，生成"．shx"文件。

（4）用 load 命令转入编译后的形文件。

（5）用 shape 命令把形文件插入到所绘图形中。

调用一个形和调用一个块（block）在形式上有些类似，但 AutoCAD 系统对二者的定义完全不同。调用一个形只是将形码（名）和变换参数（插入点、比例、旋转角度等）记录于图形文件中。组成形的矢量仅读取到缓冲区，并不存入图形文件。而块无论是否被调用，在定义时就占用了图形文件的一些存储空间。因此，在进行二次开发时，一般将常用的符号、字体等定义为形。这样，既可显著节省存储空间，也可为多个图形文件共用。

1. 定义形

形文件的编写格式为：

* 该形在形文件中的编号，字符串个数，形名

形代码，0

其中形代码由一些矢量长度、方向代码和特殊代码组成。

简单的形定义字节在一个定义字节（一个 specbyte 字段）中包含矢量长度和方向的代码。每个矢量的长度和方向代码是一个三字符的字符串。第一个字符必须为 0，用于指示紧随其后面的两个字符为十六进制值。第二个字符指定矢量的长度。有效的十六进制值的范围是从 1（1 个单位长度）到 F（15 个单位长度）。第三个字符指定矢量的方向。如图 7-11 所示显示了矢量方向代码。

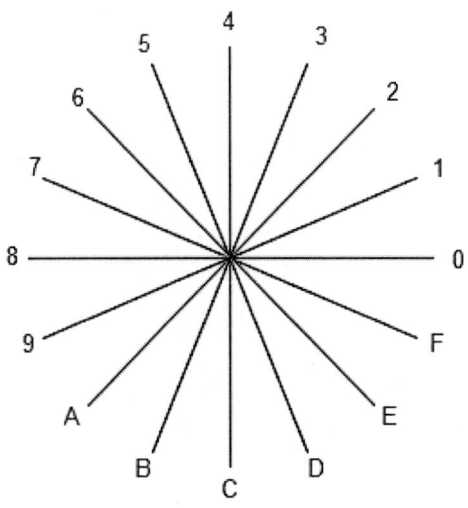

图 7-11　矢量方向代码图

如图 7-12 所示正方形，其矢量长度和方向代码为：014、010、01C、018、012。

如图 7-13 所示是城墙中的城垛 ⌐ 的定义。对该代码解释如下：

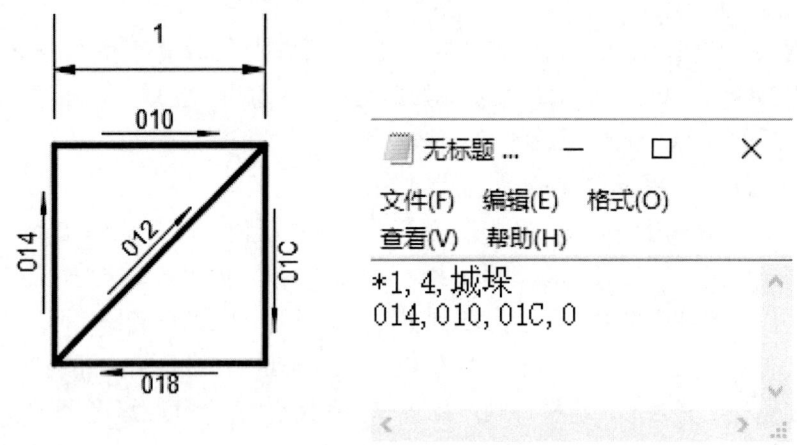

7-12　矢量长度和方向代码图　　　　7-13　定义城墙中的城垛

第一行中＊号为标示符；1 表示该形定义在整个形文件中的编号为 1；4 表示字符串个数（014、010、01C、0）；城垛是该形的名字。

第二行 014、010、01C 表示矢量长度和方向，如图 7-14 所示。0 表示矢量定义。

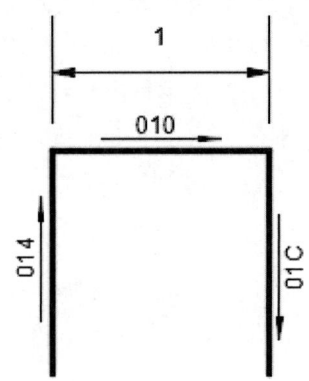

图 7-14　矢量长度和方向代码示例

2. 保存形定义

形定义应保存为后缀名为 .shp 格式。保存城垛的形如图 7-15 所示。

3. 编译形

形在插入前必须经过编译，即将形的 .shp 格式编译成 .shx 格式。编译的方法是在 AutoCAD 的命令行输入命令"compile"，在随后弹出的对话框中选择要编译的形，如果形代码编写正确，则命令行会出现"编译成功"的信息。如图 7-16 所示。

4. 加载形

编译形成功后，可查看一下具体的形图案，即加载形。形加载的方法是在 AutoCAD 的命令行输入命令"load"，在随后弹出的对话框中选择要加载的形。然后在 AutoCAD 的命令行输入命令"shape",然后再输入形名,指定插入点、高度、旋转角度,即可将形插入到当前绘图区。

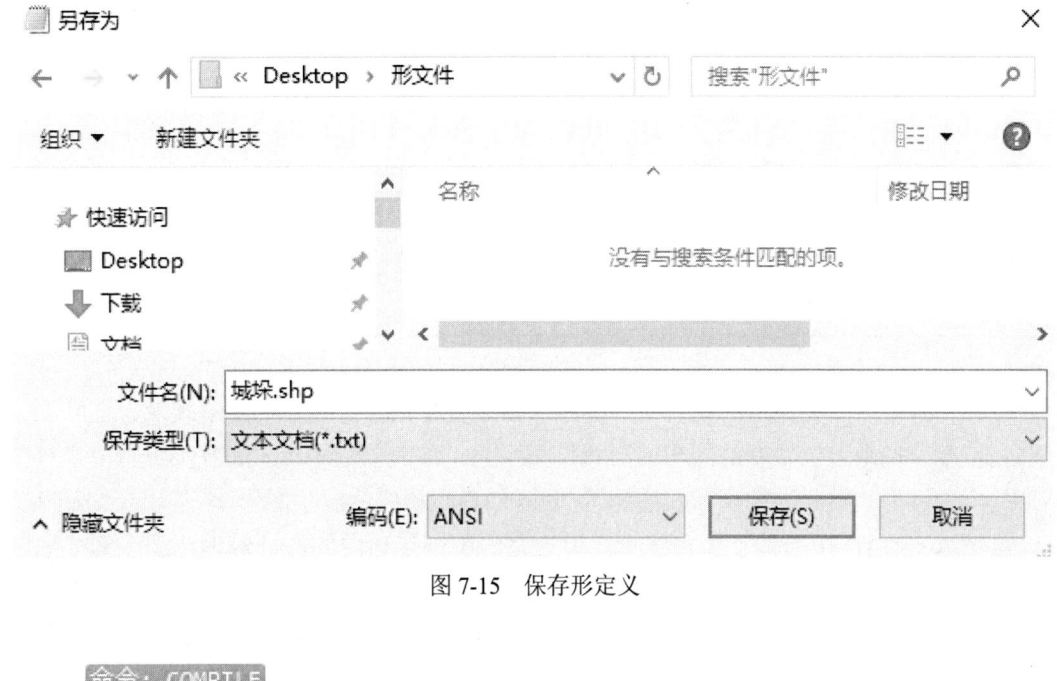

图 7-15 保存形定义

图 7-16 编译形示例

7.3 创建地形图线型

地形图线状符号用于表示呈线状分布或带状延伸的现象。如河流、道路、境界线等都有相应线状符号表示,线状符号既能表示一定范围内地物的形状、弯曲程度及延伸方向,又可以宽度、色彩等表示地物的数量或质量特征。

要定制线状符号,首先要了解线状符号的定位线。在地形图符号中,半依比例符号大多为线状符号,是以符号的"主线"与相应地物投影后的中心线位置相重合为特征的。如图 7-17 所示,确定符号主线的法则是:

(1) 单线符号,如人行小路、单线河、栏杆、地类界、岸线等,线条本身就是"主线"。

(2) 对称性的双线符号,如公路、铁路、土堤和岸垄等,其中心线就是"主线"。

(3) 非对称性的双线符号,如城墙、陡岸等,其底线或缘线就是"主线"。主线就是野外采样时必须确定的位置,直线由两点连接,曲线由多点逼近光滑。

线状符号有如下特征:

（1）实物形线状符号，可以用适当粗细的单线直接描述在定位线上，如公路、等高线等。

类别	定位线	符号及名称	类别	定位线	符号及名称
对称符号	在中心线上	公路 铁路	非对称符号	在底线或缘线上	城墙 陡岸

图 7-17　半依比例符号的定位线

（2）无方向规则变化形线状符号，其图形沿定位处呈现有规律的重复现象，即存在一个单位长度。每个单位长度的图形其形状是相同的，称为单位图形，如地类界符号，单位图形是由直径为 0.25 mm 的圆和长度为 1.5 mm 的虚线构成的线状图形。

虽然 AutoCAD 中提供了各种线型，但这些线型都是通用的，针对地形图上需要的各种线型则很少，但 AutoCAD 提供了功能强大的线型自定义功能，可以根据实际线型特征由用户自定义。可以把普通线型分为三类：简单线型、带形（shape）的线型、带文本字符串的线型。线型文件是以 .lin 为扩展名而保存的文本文件，该文本文件可使用任何 ASCII 文本编辑器来编辑，如 Windows 中的记事本。自定义的线型和 AutoCAD 自带的线型一样可加载、设置线型特性。与加载 AutoCAD 自带的线型不同的是：在加载自定义的线型时，要先将保存该线型文件的路径支持上去，然后在线型调用对话框中，通过浏览路径，选择确认自定义的 .lin 文件即可。需要强调的是在自定义文件中所有的标点符号必须处于英文状态下，且在保存前要按 Enter 键，使光标处于下一行。

定义线型就是在编辑器下编辑、编译和保存线型文件的代码。

7.3.1　定义简单的线型

这类线型是由重复使用的虚线、空格、点组成，如：县界的线型为：-.-.-.-.-.。简单线型的定义格式为：

*线型名，线型描述✓

A，实线长，虚线长✓

其中线型描述项可省略。

定义像县界这样的简单线型步骤为：

1. 在记事本中编写代码

如图 7-18 所示是编写的县界的线型 -.-.-.-.-. 的代码。对该代码解释如下：

（1）第一行中 * 号为标示符，标志一种线型定义的开始。"县界"为线型名，宽 0.2

用以提示线宽为 0.2 mm（可省略）。

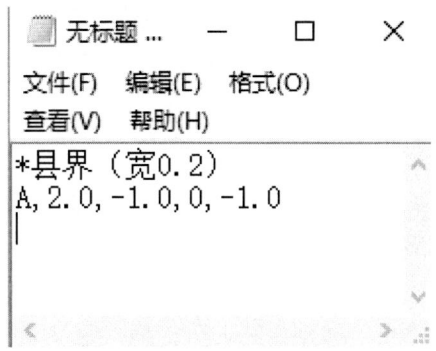

7-18 定义简单的线型示例

说明：关于线型名，可以使用汉字或英文字母作为线型名称。限于 AutoCAD 工具条中线型框显示的宽度，线型名一般不要超过 10 个汉字。

2. 保存线型文件

线型文件应保存为后缀名为 .lin 文件，如图 7-19 所示是保存县界的线型文件。

7-19 保存线型文件示例

7.3.2 定义带形（shape）的线型

这类线型由简单线型和形组成。如城墙 是由简单线型— — 和形 ∏ 组成。在简单线型的定义中，插入形单元，则组成带形定义的线型。

定义带形的线型步骤为：

1. 定义形

按照前面 7.2.4 所述的方法来定义形。

2. 保存形定义

形定义应保存为后缀名为 .shp 格式。

3. 编译形

将形的 .shp 格式编译成 .shx 格式。在 AutoCAD 2016 的命令行输入命令"compile"，在随后弹出的对话框中选择要编译的形，如果形代码编写正确，则命令行会出现"编译成功"的信息。

4. 加载形

编译形成功后，可加载形。在 AutoCAD 2016 的命令行输入命令"load"，在随后弹出的对话框中选择要加载的形。然后在 AutoCAD 2016 的命令行输入命令"shape"，然后再输入形名及指定插入点、高度、旋转角度，即可完成形的加载。

5. 编写带形的线型

编写带形的线型即是在简单的线型中插入形，插入形格式为：

[形名，形文件名 .shx，形变]

其中"形变"是可选项，它包括：

S=##　　缩放比例。

R=##　　相对旋转角度。

A=##　　绝对旋转角度。

X=##　　X 方向的偏移量。

Y=##　　Y 方向的偏移量。

6. 保存线型

将带形的线型保存为后缀为 .lin 的格式，方法与简单线型保存方法相同。

7.3.3　定义带字符串的线型

这类线型是在简单线型中插入字符串而成，如：

──────── 煤气管道 ──────── 煤气管道 ──────── 是由简单线型中插入字符串"煤气管道"组成的。

带字符串的线型的编写格式为：

*线型名，线型描述

A，实线长，["所插入的字符串"，字体名称，缩放比例，旋转角度，X 方向偏移量，Y 方向偏移量]，虚线长

说明：其中线型描述可省略，字符串描述中的"缩放比例，旋转角度，X 方向偏移量，Y 方向偏移量"根据需要都可省略或省略中间的某一项。如省略，则默认缩放比例 =1，旋转角度 =0，X 方向偏移量 = 0，Y 方向偏移量 =0，但"所插入的字符串"和"字体名称"两项都不可省略。

【例 7.3】　编写煤气管道的线型。

代码如图 7-20 所示。

将其保存为后缀为 .lin 的格式即可。

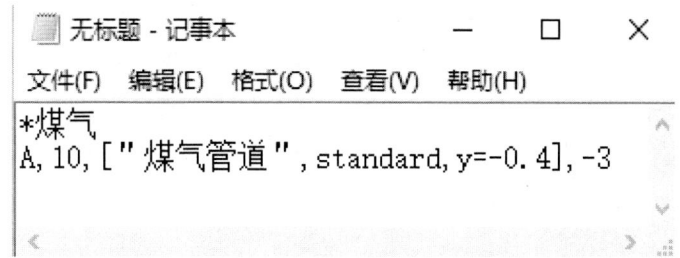

7-20　定义带字符串的线型示例

7.3.4　标准线型文件

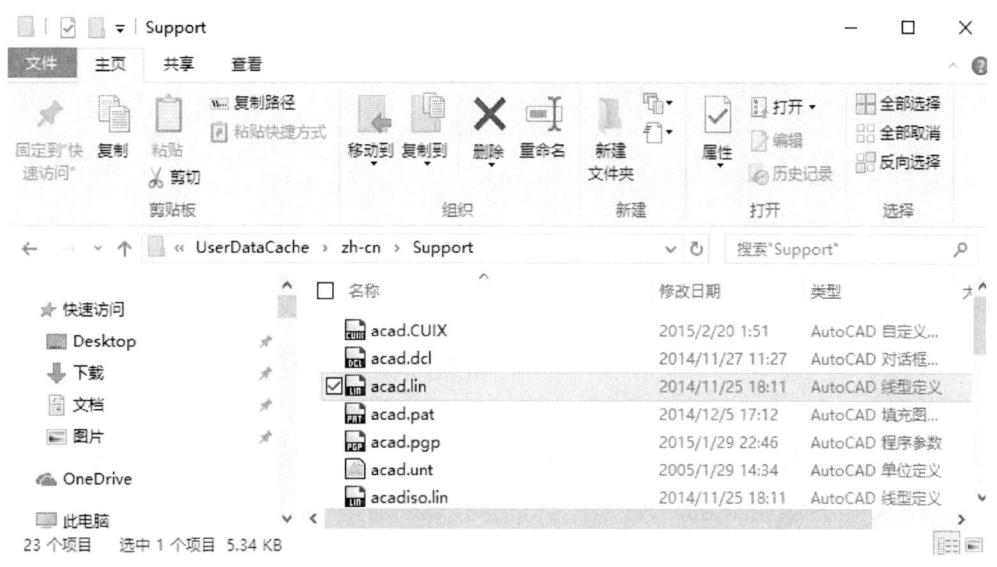

7-21　acad.lin 标准线型文件路径

AutoCAD 2016 提供的线型保存在 acad．lin 标准线型库文件中，如图 7-21 所示，在标准线型中包括简单线型和复杂线型（ISO 线型及复合线型）两类。简单线型由短画线、点和空格组成。复杂线型不仅包含短画线、点和空格，还包含嵌入的对象如文本、形等。

在 AutoCAD 2016 标准线型库中定义的简单线型，除了连续线型外，还包括 24 种线型。这 24 种线型分为 8 类，每类有三种不同的线段长度及空格，名称分别为"类名""类名 2""类名 ×2"，后两种线型的线段长度和空格分别为第一种线型的 0.5 倍和 2 倍。ISO 线型是按 ISO128 标准、笔宽为 1mm 来定义的。

7.3.5　加载自定义的线型

自定义的线型定义完后，即可像 AutoCAD 自带的线型一样加载应用。但加载之前，必须把保存线型文件的文件夹支持上去。例如，要加载线型"县界"其操作步骤为：

（1）支持该线型文件的文件夹。方法是：单击 AutoCAD 的菜单"工具"→"选项…"，在随后弹出的"选项"对话框中选择"文件"选项卡，在"文件"选项卡中打开第一项"支持文件搜索路径"，观察该线型文件的文件夹是否在支持范围内，如果没有，可单击"选项"对话框右边的"添加"按钮，输入文件夹路径，或者单击"浏览"按钮，查找文件夹路径。然后单击"应用"或"确定"按钮即可，如图 7-22 所示。

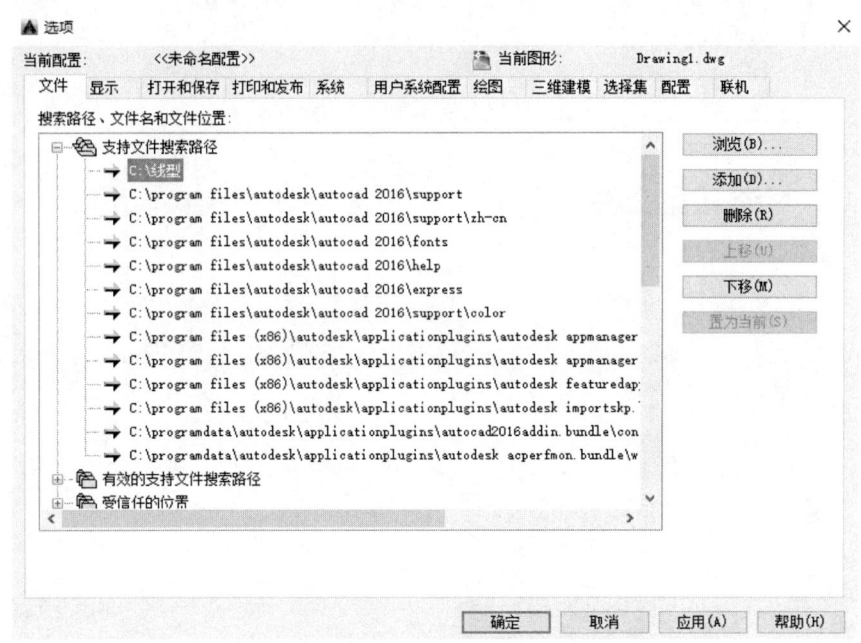

7-22　支持文件路径

（2）在 AutoCAD 下单击"格式"菜单下的"线型"选项，打开"线型管理器"，单击右上方的"加载…"按钮，在随后弹出的"加载或重载线型"对话框中单击"文件…"按钮，如图 7-23 所示。在"选择线型文件"对话框中，选择所要加载的文件，如"县界"，并将其

7-23　"线型管理器"对话框其

打开，如图 7-24 所示。然后又回到"加载或重载线型"对话框中，在该对话框中显示了文件路径和可用的线型，选择要用的线型，如图 7-25 所示，单击"确定"按钮，又回到"线型管理器"对话框中，在该对话框中选择要使用的线型，单击"当前"按钮，如图 7-26 所示，再单击"确定"按钮即可将该线型设置为当前线型，用各种绘线方法绘制。

7-24 "加载或重载线型"对话框

7-25 加载后的"线型管理器"对话框

7.4 定制地形填充图案

在绘制地形图过程中，常常需要在所绘制的某一区域绘出某一图案，如草地、房屋等地物，这一操作过程称为"图案填充"。在 AutoCAD 系统中包含了标准图案文件 acad.pat，该文件中除了包含通用的填充图案外，还包含系统定义的各种填充图案。地形图上的面状符号指地形图上用以表示呈面状分布的物体或地理现象的符号。这些符号其共同点就是在面状符号范围线内填绘不同方向、不同间隔和不同粗细的"晕线"，或填绘呈一定规律分布的个体符号、花纹或颜色来反映这些现象的质量特征或数量上的差异。在 AutoCAD 中包含了通用的填充图案和系统预定义的填充图案，但这些图案仅仅是 AutoCAD 的通用填充符号。针对地形图中存在的大量地物面状符号，如草地、林地、旱地、盐碱地等，由于符号各异、情况复杂，且有排列整齐美观并符合地形图制图规范的严格要求，直接使用 AutoCAD 中的通用填充符号或系统预定义填充符号无法实现。因此必须根据地形图图式规范对地物填充图案的要求来自定义填充符号。

由国家质监局和国家标准化管理委员会共同发布的《国家基本比例尺地图图式　第 1 部分：1:500　1:1000　1:2000 地形图图式》中，地形图面状地物符号主要存在于"土质地貌"和"园林植被"类中。这些面状符号都是由填充符号在面域内按一定的排列方式配制而成。该图式中规定的面状符号主要是按照"品"字形排列，如稻田、旱地、菜地等，如图 7-26 所示。

7-26　旱地和菜地填充符号

7.4.1　填充图案的定义格式

自定义填充图案都具有相同的格式。即包括一个带有名称（以星号开头，最多包含 31 个字符）和可选的图案描述的标题行。定义面文件的格式为：

* 图案名，图案描述

角度，X 坐标，Y 坐标，X 方向的偏移量，Y 方向的偏移量，实线长，虚线长

该形式的解释如下：

角度：填充线的方向，取值从 0°到 360°。

X 坐标：填充线所经过的 X 坐标，所参考的线一般 X 坐标为 0。

Y 坐标：填充线所经过的 Y 坐标，所参考的线一般 Y 坐标为 0。

X 方向的偏移量：指的是相邻两条填充线延伸的方向的偏移量。

Y 方向的偏移量：与相邻两条填充线延伸的方向的位移垂直的偏移量。

实线长：填充线延伸的方向实线长。

虚线长：填充线延伸的方向虚线长。

填充图案定义遵循以下规则：

（1）图案定义中的每一行最多可以包含 80 个字符。可以包含字母、数字和以下特殊字符：下划线（_）、连字号（-）和美元符号（$）。但是，图案定义必须以字母或数字开头，而不能以特殊字符开头。

（2）AutoCAD 将忽略分号右侧的空行和文字。

（3）每条图案直线都被认为是直线族的第一个成员，是通过应用两个方向上的偏移增量生成无数平行线来创建的。

（4）增量 x 的值表示直线族成员之间在直线方向上的位移。它仅适用于虚线。

（5）增量 y 的值表示直线族成员之间的间距，也就是到直线的垂直距离。

（6）直线被认为是无限延伸的。虚线图案叠加于直线之上。

AutoCAD 允许用户自定义填充模式，用户可以用纯 ASCII 文本编辑器，如 TXT 等，将模式定义写入 acad.pat 或其后缀为 .pat 的文件。填充图案的定制与开发有两种方式：

（1）在 AutoCAD 标准图案文件 acad.pat 中增加新的填充图案或修改文件中已经存在的填充图案。

（2）建立自己的图案文件（.pat 文件）。

首先看第一种方式，通过在 AutoCAD 标准图案文件 acad.pat 中增加新的填充图案或修改文件中已经存在的填充图案，acad.pat 所在文件路径如图 7-27 所示。

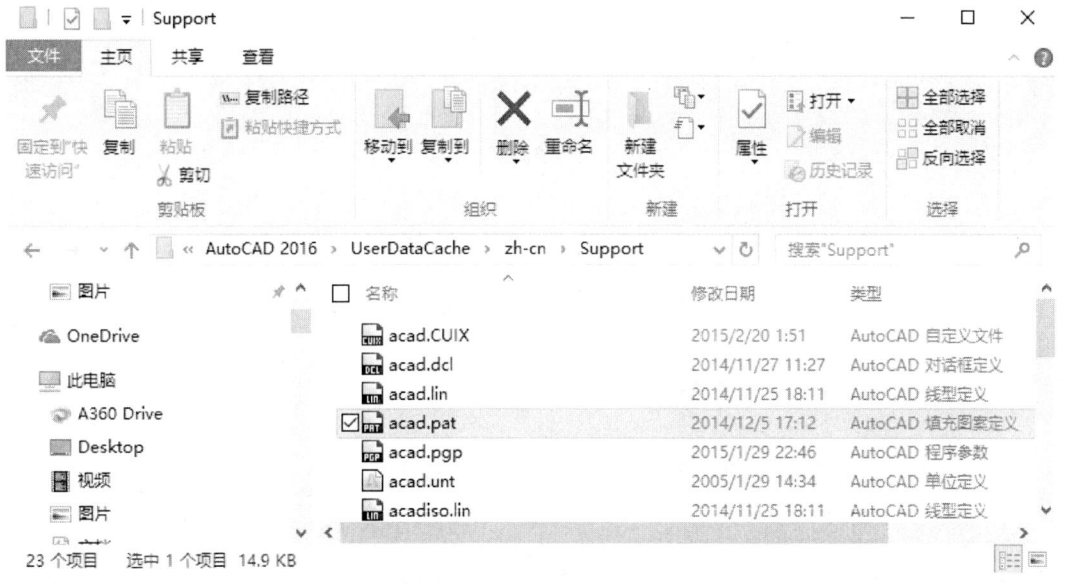

7-27　acad.pat 标准图案文件路径

需要修改或添加图案定义的文件 acad.pat 一般默认在 "C：\ ProgramFiles\AutoCAD2016\UserDataCache\zh-cn\Support" 路径下，找到后直接用记事本打开，加入新定义的填充图案，然后存盘退出。需要注意：新加入的填充图案定义不能插在已有图案定义的中间。如果要对标准图案文件中的图案定义进行修改，只需找到该填充图案的定义，直接修改相关参数即可。

用文本编辑器，直接调出 acadiso.pat，并在文件最后加入一个填充图案。

【例 7.4】 定义天然草地的图案。其尺寸如图 7-28 所示。

在文本编辑器中输入如图 7-29 所示的代码。其代码数值解释如图 7-30 所示。

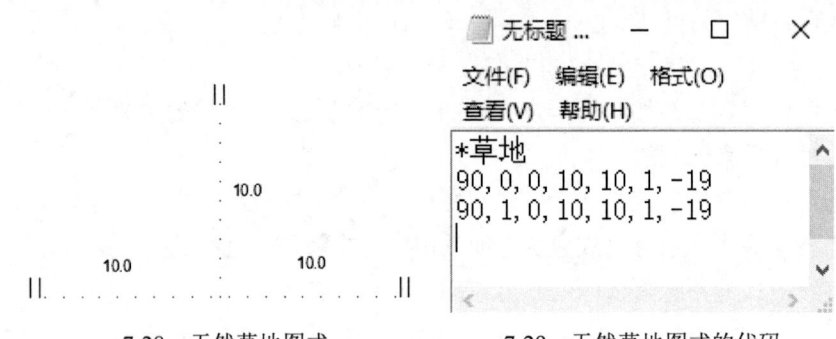

7-28　天然草地图式　　　　7-29　天然草地图式的代码

将其保存为 .pat 格式，如图 7-31 所示。

7-30　天然草地图式代码的数值解释

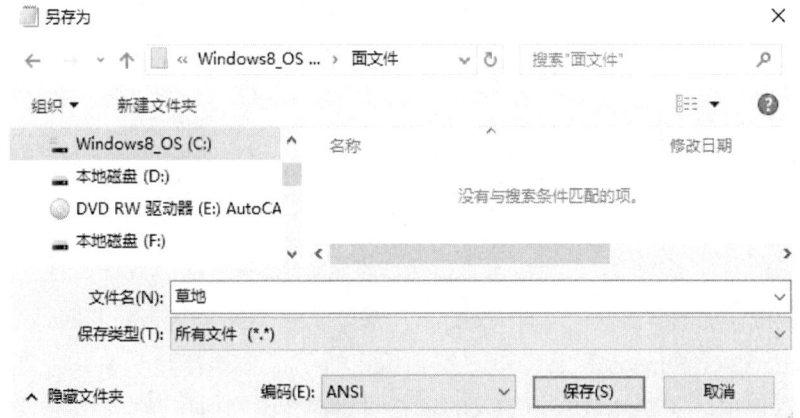

7-31　草地 .pat 文件保存示例

【例7.5】 图7-32所示的菜地的代码如下：

＊菜地

0,0,0,10,10,2,-18

45,1,0,14.141592,14.141592,2,-12.141592

135,1,0,14.141592,14.141592,1,-13.141592

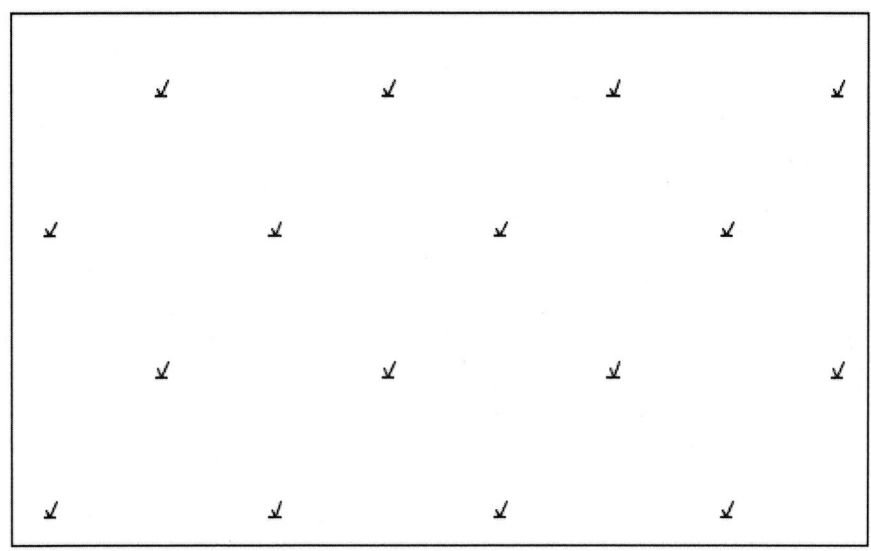

7-32　菜地图式

【例7.6】 如图7-33所示，花圃的填充定义代码如下：

＊花圃

0,0,0,10.0,10.0,1.5,-18.5

90,0.75,0,10.0,10.0,1.5,-18.5

45,0.75,0,14.142113562,14.14213562,1.5,-12.64213562

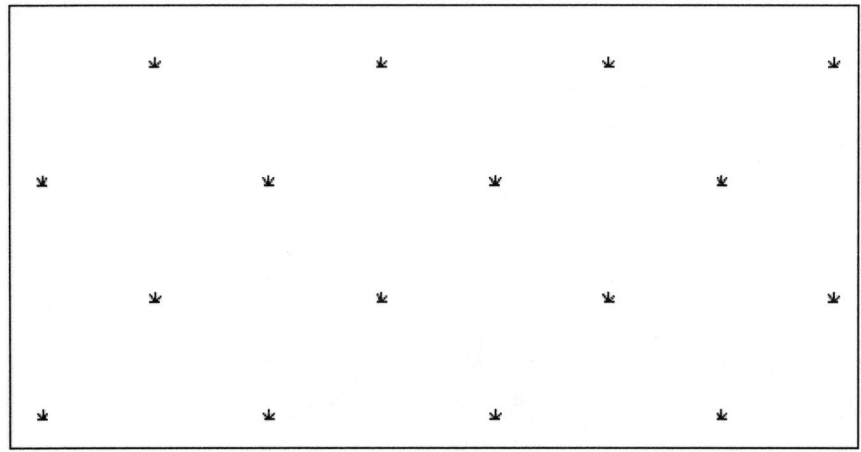

7-33　花圃图式

7.4.2 加载面文件

加载面文件前也要像加载自定义的线型一样，将其所在的文件夹支持上去。打开"工具"菜单下的"选项"，如前面添加线型支持路径一样，添加面文件支持路径，如图7-34所示。

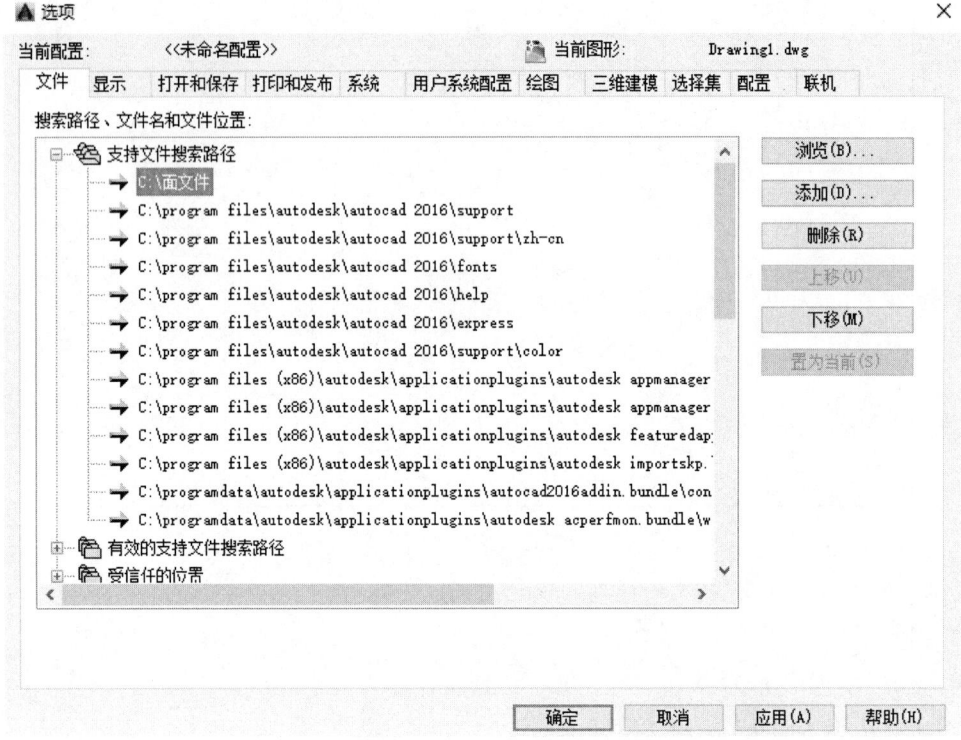

7-34 添加面文件支持路径

然后单击AutoCAD的菜单"绘图"→"图案填充…"，在随后弹出的"图案填充和渐变色"对话框中的图案类型中选择"自定义"，然后在自定义图案中选择一种需要的图案，其他操作与填充AutoCAD自带的图案一样。

思考练习题

1. 线型定义中各个参数的含义分别是什么？线型定义的过程是什么？如何加载使用？
2. 在AutoCAD 2016中，从形的定义到绘制图形，一般需要哪些步骤？
3. 面文件定义中各参数的含义分别是什么？面文件定义的过程是什么？

上机训练：

按如下标注尺寸，绘制各独立地物符号。

第 7 章 测绘符号制作

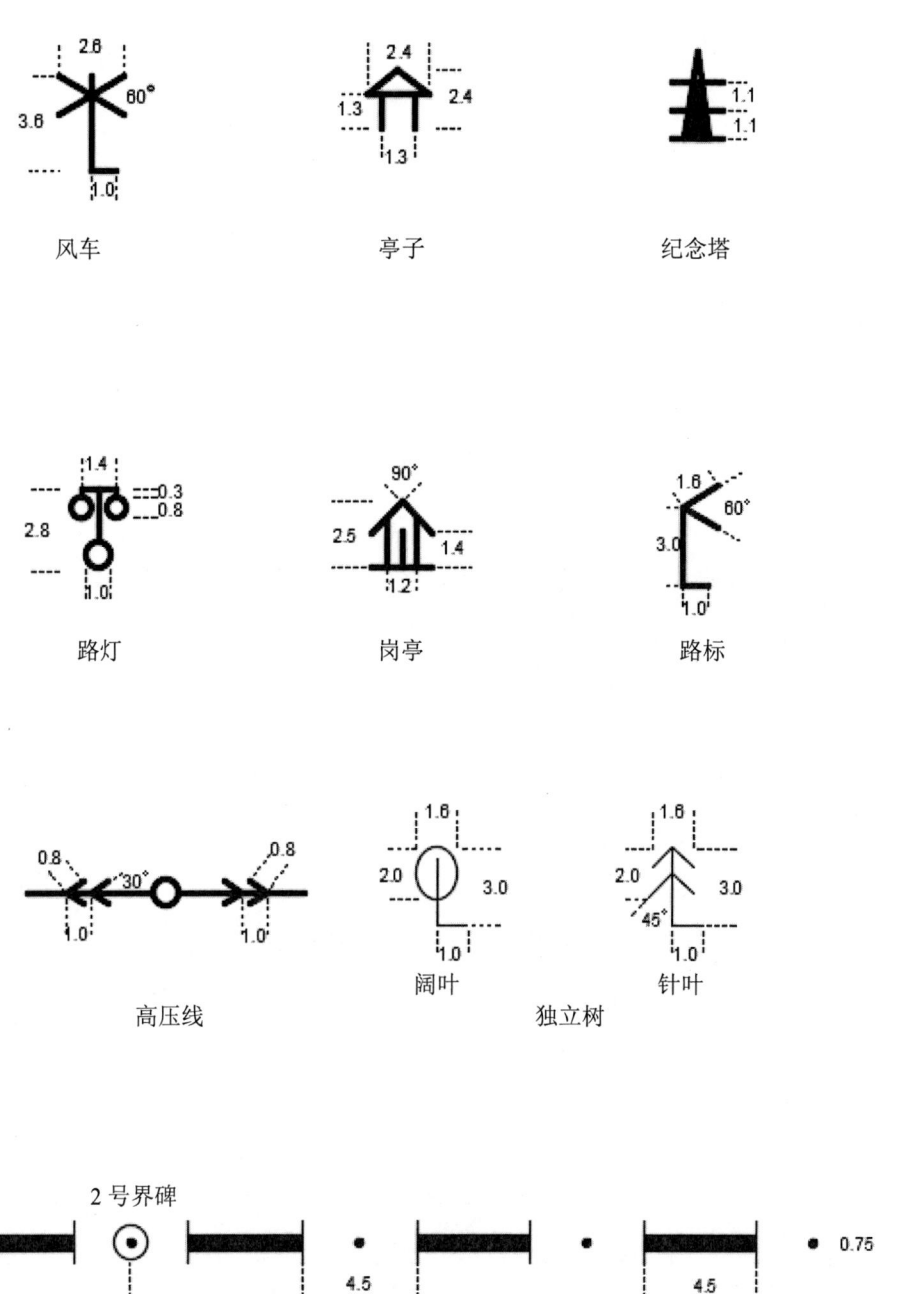

第8章 地形图绘制

教学过程设计与建议

课程内容	8.1 地形图基本知识 8.2 数据加载和格式转换 8.3 绘图环境设置 8.4 坐标点的展绘 8.5 碎部点及图形的绘制 8.6 等高线的绘制
任务设计	地形图的识读；地形数据加载与格式转换；绘图环境设置；展野外控制点、图形绘制。
知识目标	掌握地形图的识读方法；掌握地形数据加载与格式转换方法；掌握绘图环境设置的方法；掌握展野外控制点、图形绘制的方法。
能力目标	能在给定图纸上量测出两点之间的距离，会数据加载与格式转换；会设置绘图环境；能进行野外控制点的展绘和地形图绘制。
教学重点	数据加载与格式转换；野外控制点的展绘和地形图绘制。
教学难点	野外控制点的展绘和地形图绘制。
授课形式建议	教师演示与学生练习相结合。
教学过程设计	教师演示：数据加载→格式转换→设置绘图环境→绘制图形。
技能训练	学生练习：给出训练图例，数据加载→格式转换→设置绘图环境→绘制图形。
考核标准	给出野外采集的数据文件和草图，绘出相应地形图。

从传统的白纸测图到自动化数据采集和计算机数字化成图，测量成果不单是可以绘制在图纸上的地形图，而主要是存储于计算机内的数字地形图。这是地形图测绘技术的重大革新，不仅提高了工作效率和用图的精度，也方便了地形图的应用和保存，有利于地形信息的传递和共享。

本章主要介绍地形图绘制方面的基础知识，使读者能够掌握使用 AutoCAD 进行地形图绘制的操作方法。能够了解地形图的基本知识，熟悉在 AutoCAD 软件中如何加载外业测量数据和设置绘图环境，在掌握测绘符号制作方法的基础上，能使用 AutoCAD 软件进行图廓接图表绘制、控制点展绘及地物地貌符号的绘制。

8.1 地形图基本知识

8.1.1 地图

地图是按照一定的法则，有选择地以二维或多维形式在平面或球面上表示地球（或其他星球）若干现象的图形或图像，它具有严格的数学基础、符号系统、文字注记，并能用地图概括原则，科学地反映出自然和社会经济现象的分布特征及其相互关系。

地图按内容可分为普通地图和专题地图两大类。

普通地图：是以相对均衡的详细程度表示制图区域内各种自然和社会经济现象的地图。其基本内容有水系、地貌、土质植被、居民地、交通线、境界等六大地理要素，此外还表示测量控制点、独立地物、管线与垣栅等要素。主要用来研究地域的基本情况、各地理要素的相互关系和分布规律，同时也是制作专题地图的地理底图。广泛用于经济建设、国防建设和科学文化教育等方面。如地形图、平面图等。

专题地图：着重反映某一专题内容的地图。如交通图、地貌图、地籍图等。

8.1.2 地形图

地面上由人工建造的固定物体和由自然力形成的物体，如房屋、道路、河流、桥梁、树林、边界、孤立岩石等，称为地物。地面上主要由自然力形成高低起伏的连续形态，如平原、山岭、山谷、斜坡、洼地等，称为地貌。地物和地貌又总称为地形。

地形图是将地面上的地物、地貌沿铅垂线方向投影到水平面上，并按一定的比例尺和规定的图式符号缩绘到图纸上。在地形图上既表示制图区域地物的平面位置，又用特定符号表示其地貌的形态，如图 8-1 所示为某一地区的 1∶2000 的地形图样图。

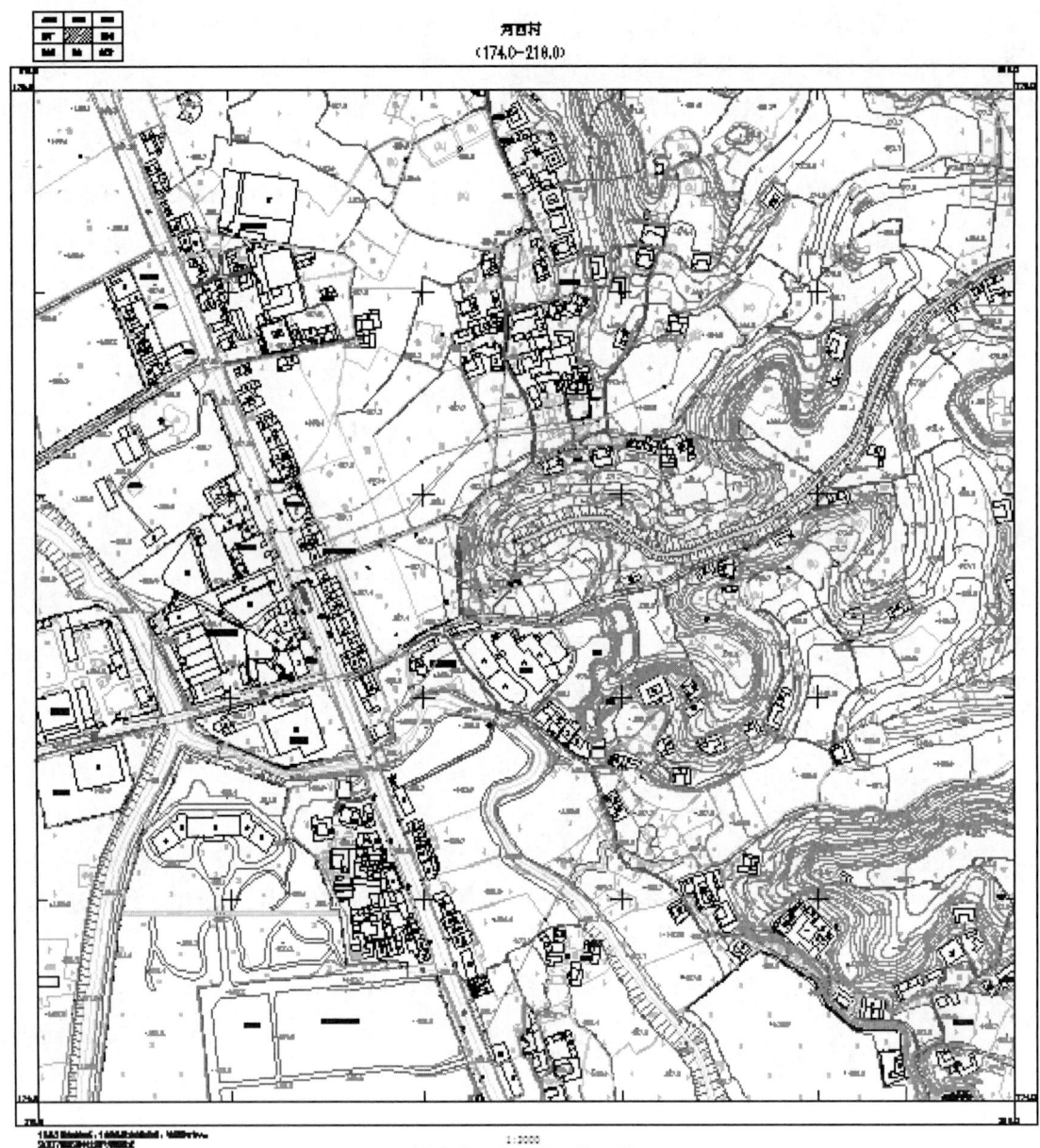

图 8-1 地形图图样

8.1.3 地形图的比例尺

8.1.3.1 比例尺的表示方法

图上一段直线长度与地面上相应线段的水平长度之比,称为图的比例尺。通常把比例尺化为分子为 1 的分数来表示。

$$\text{比例尺} = \frac{\text{图上距离}(d)}{\text{实地相应的水平距离}(D)} = \frac{1}{M}$$

式中：d—地图上线段的长度。

D—实地相应直线的水平距离长度。

M—比例尺分母。

地图比例尺的大小是以比例尺的比值来衡量的，它的大小与分母值成反比，分母值大，则比例尺就小，地面缩小的倍率就大，地图的内容就概略；分母值小，则比例尺就大，地面缩小的倍率就小，则地图内容就越详细。

若已知地形图的比例尺，则可根据图上两点之间的距离求得相应的实地水平距离，反之，也可根据实地水平距离求得相应的图上距离。

例如，已知实地直线水平距离为 100 m，则 1∶1000 地形图上相应长度为：d=D/M=100 m/1000=10 cm；若已知 1∶500 地形图上一直线长度为 8 cm，则其实地长度为：D=d·M=8 cm×500=40 m；若已知图上 12 cm 相当于实地长 240 m，则其地图比例尺为：1/M=d/D=12 cm/240 m=1/2000。

8.1.3.2 比例尺精度

确定测图比例尺的主要因素是图上需要表示的最小地物有多大，点的平面位置或两点距离要精确到什么程度。为此就需要知道比例尺精度，通常人眼能分辨的两点间的最小距离是 0.1 mm，因此，把地形图上 0.1 mm 所能代表的实地水平距离称为比例尺精度。比例尺精度可用下式表示：

$\delta = 0.1 \text{ mm} \times M$

例如：1∶2000 地形图的比例尺精度为 0.2 m，1∶500 地形图的比例尺精度为 0.05 m。

8.1.4 地形图分幅

为了不遗漏、不重复地测绘各地区的地形图，也为了能科学地管理、使用大量的各种比例尺地形图，必须将不同比例尺的地形图，按照国家统一规定进行分幅和编号。

所谓地形图分幅和编号就是以经纬线（或坐标格网线）按规定的方法，将地球表面划分成整齐的、大小一致的、一系列梯形（矩形或正方形）的图块，每一图块叫做一个图幅，并给以统一的编号。地形图的分幅分为两类：一类是按经纬线划分的梯形分幅法，也称国际分幅法；另一类是按坐标格网划分的矩形分幅法。前者用于中、小比例尺的国家基本图的分幅，后者用于城市大比例尺图的分幅。

8.2 数据加载和格式转换

外业测量中使用全站仪或 GPS 接收机采集测区中的各特征点的坐标信息。要想使用 AutoCAD 绘制地形图，首先要将这些数据传输到计算机中，把数据在不同设备之间进行传输的过程简称为数据通信。外业采集的原始数据有很多种格式，而且一般情况下如果不经过数据模式转换，AutoCAD 是无法打开原始数据的，因此在数据传入计算机后还需进行数据格式的转换，才能最终加载到 AutoCAD 中用于绘制地形图。

8.2.1 外业测量数据的加载

所谓全站仪的数据通信，是指全站仪与计算机或 PDA 之间经通信线路而进行的数据交换。目前全站仪与计算机的通信主要是利用全站仪的输出接口，通过通信电缆直接将全站仪的内存中的数据文件传送到计算机中，也可以从计算机将坐标数据文件和编码数据直接导入到全站仪的内存中。由于数据接收端的软件不同，全站仪数据传输的方式也有多种。目前，主要有通过仪器配套软件、超级终端、成图软件和读取存储卡四种方式进行全站仪数据的传输。

8.2.2 数据格式转换

不同厂家、不同型号全站仪的原始数据有很多种格式，一般情况下如果不经过数据格式转换，AutoCAD 软件是无法打开全站仪原始数据的。全站仪的数据格式主要分为两类：观测值数据格式和坐标数据格式。观测值数据格式记录的是距离、角度等野外观测值；坐标数据格式记录的是展点所需要的碎部点的坐标数据。观测值数据格式在展点前先要转换为坐标数据格式，这可通过全站仪厂家提供的软件或用户自编的转换程序来完成。

数据格式转换的目的就是为了将测量坐标系调整为 AutoCAD 下的坐标系，即（X，Y）调整为（Y，X）。

8.3 绘图环境设置

设置好绘图环境对于用户准确、快速、高效地绘图大有好处，并且方便日后对图形的编辑和修改，有助于更好地进行图形管理。

8.3.1 图形单位设置

图形单位是图形绘制中的测量依据,绘图前首先要确定度量单位,图形单位的设置可控制点坐标在 AutoCAD 图形中的显示方式。其设置方法可参见 4.1.2 设置图形单位。

由于外业采集的点位坐标是以米为单位,精确到毫米位。因此在"图形单位"对话框中,要进行如下参数设置:

(1)长度和点的坐标单位为米,精度为毫米,即小数点后保留 3 位小数。
(2)角度为度 / 分 / 秒,精度为 0d0000。
(3)插入的比例单位为毫米。
(4)角度的基准线为"东"。

8.3.2 图形界限设置与标准图框绘制

根据前面的内容知道,大比例尺地形图的图幅有矩形和正方形两种。以"50cm×50cm"正方形图幅为例,讲解标准图框的绘制过程,绘制步骤如下:

图形按标准分幅之后,在划分好的图上制作图框。
(1)新建一个"*.dwg"文件,命名为"地形图图框"。
(2)设置绘图环境。单位为米,精度为小数点后三位,即精确到毫米。
(3)利用"矩形"工具,绘制 500×500 的图形,即内图框。图形的左下角输入坐标(0,0),右上角输入(500,500)。
(4)使用"偏移"命令,将该图形向外偏移 6,即外图框。
(5)坐标格网控制点的制作。利用"直线"工具,按图 8-2、图 8-3 所示尺寸绘制图形。然后利用"block"命令,将图形分别创建为名称为"十字"和"短线"的外部块。

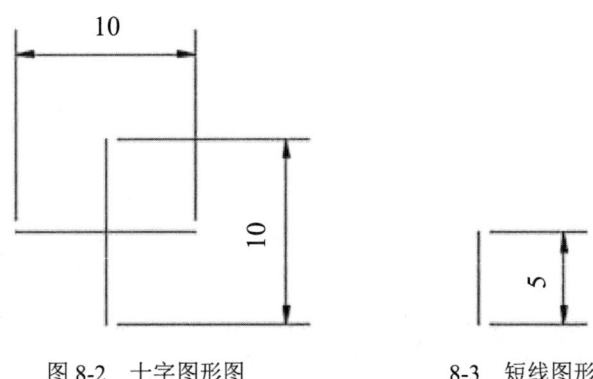

图 8-2 十字图形图　　8-3 短线图形

(6)将"十字"和"短线"的图块分别插入到图框的合适的位置,如图 8-4 所示,也可使用阵列命令。
(7)按照如图 8-5 所示的尺寸,绘制接图表。

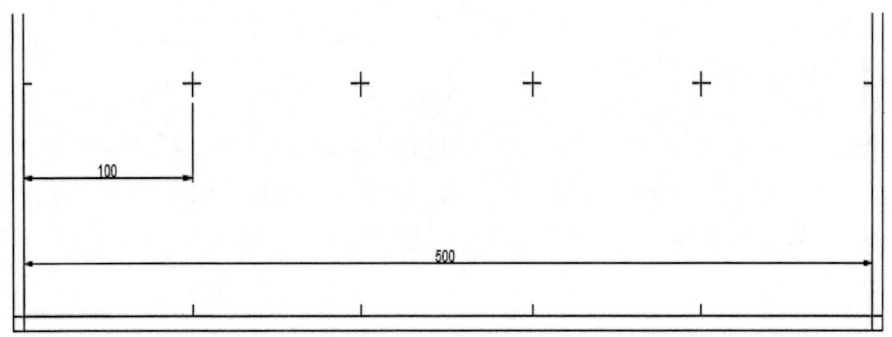

图 8-4 插入坐标格网控制点

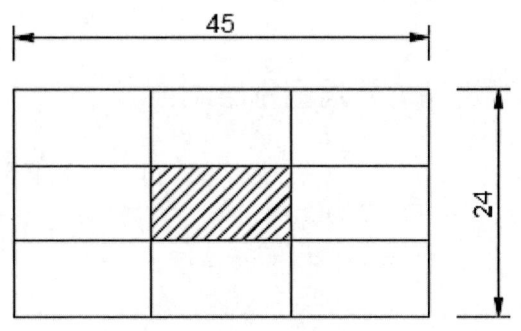

图 8-5 制作接图表

(8) 利用"wblock"命令,将图形分别创建为名称为"接图表"的外部块。

(9) 将"接图表"图块插入到图框的合适的位置。

(10) 进一步编辑、修改,得到如图 8-6 所示的标准的地形图图框。

(11) 定义块的属性。用定义属性命令,创建图框四个角点、图名、图幅编号、比例尺、制图单位、坐标系和高程系等属性。

(12) 将图框创建为外部块。用 wblock 命令将图框及标题栏创建为外部块,基点为内框左下角,名字为"地形图图框"。

8.3.3 图层设置

地形图中包含了地表各种地物和地貌的信息,这些信息类型繁多、数量巨大,在 AutoCAD 中绘制这些信息既不能重复,也不能遗漏。为了顺利开展绘图工作和方便地图信息管理,就需要在绘图之前先对所要绘制的地形图进行"读图和分层"。

"读图和分层"就是依据国家规范以人工目视判读地形图中有哪些类型的点状(如路灯)、线状(如道路、河流)和面状(如房屋)的地物,再根据地物自身类型和测量规范对各种地物和地貌进行分类汇总(称为"读图")。然后在此基础上,在绘图过程中将归为同一类的地物或地貌绘制在同一个图层中,不同地物和地貌绘制在不同图层中(称为"分层")。其中分层的要求:各图层的名称按照地物或地貌类型进行命名,各图层的属性依照规范国家规范使用相应的线型、线宽和颜色进行设置，以便管理。

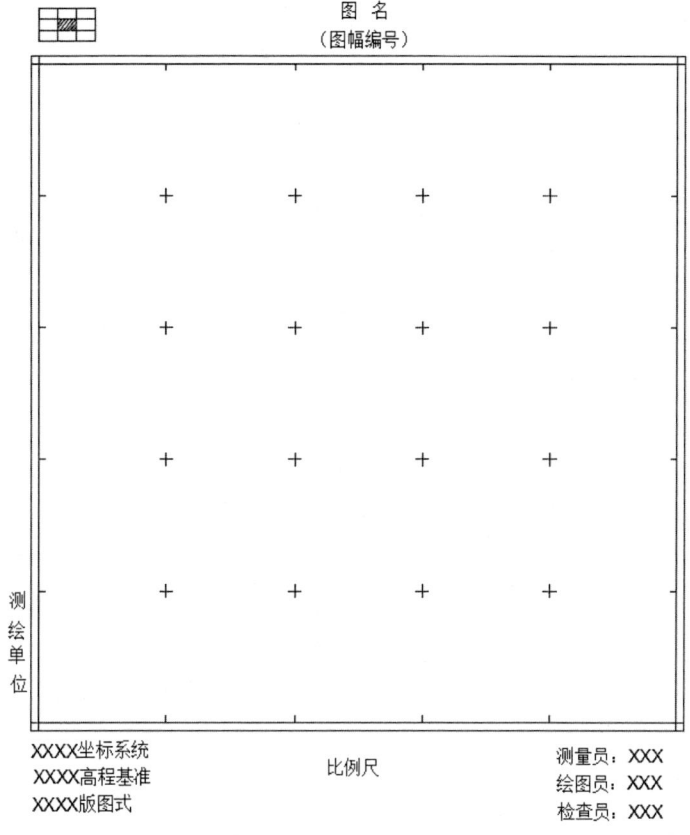

图 8-6　标准的地形图图框

在 AutoCAD 中，点击"格式"菜单启动"图层特性管理器"对话框，在对话框中点击"新建图层"按钮，根据对地形图"读图和分层"的结果设置以下各图层：控制点、居民地、交通、管线、水系、植被、工矿建筑物设施等，地形图各图层的分类设置结果如图 8-7 所示。

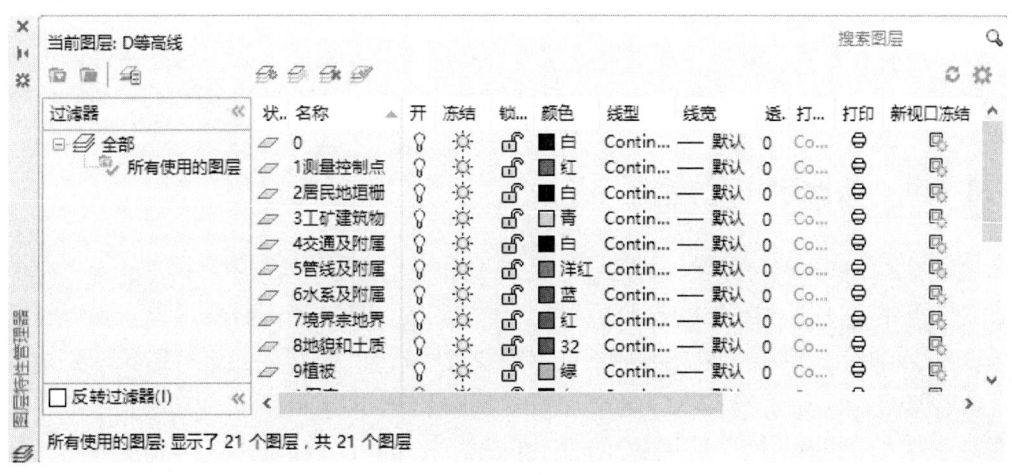

图 8-7　地形图图层分类设置

8.4 坐标点的展绘

地形图中的坐标点分为控制点和碎部点，控制点精度高、数量少，碎部点精度低、数量多，控制点是测量碎部点的基础，碎部点是用于直接绘图的地物地貌特征点。坐标点的展绘在 AutoCAD 软件下一般有两种方法：手工展绘或使用程序批量展绘。

展绘坐标点的步骤：

（1）坐标数据的准备。将从仪器中传输出来的数据可以使用 Excel 表格将其编辑成（Y，X）格式的数据对，这种数据对才可以在 AutoCAD 坐标系统直接展绘。

（2）点样式的设置。AutoCAD 系统默认为"."样式，也可选择其他样式，比如选择"十"字形的。

（3）单个或批量展绘控制点。可以直接在命令行输入"point"命令，选择绘制多点再输入坐标点的点位数据即可。也可以打开已编辑好的数据文件，复制出坐标点的数据对，在命令行输入"point"命令，按提示粘贴下数据对，即可完成坐标点的绘制。对于大量的碎部点坐标可以利用 CASS 软件批量导入。碎部点的展绘在 CASS 软件中，操作为：在"绘图处理"菜单下→点击"展野外测点点位"，打开碎部点数据文件后即可将碎部点展在绘图区。

（4）按点位性质插入点状符号或绘制图形。

8.5 地图形的绘制

地形图上，地形、地貌的平面轮廓是由一些特征点决定的，这些特征点统称碎部点。本节主要讲述地物碎部点及其图形的绘制。

碎部点展好之后，要将各种地物地貌进行有序绘制，按照类别不同分别讨论绘制方法。

8.5.1 依比例符号绘制

地形图上的依比例符号像居民地、垣栅，如果外形规则，只需依序用"pline"命令将外边界端点相连并最终闭合起来即可；对于不规则的，外业测图时要尽量多测一些特征点，以便绘制时比较逼真。注意绘制线的粗细要按图式中的有关规定进行选择。

地形图上外形规则、相连成片的植被在绘制时要先用"pline"命令先绘制出边界，再用面命令将边界变为面域，最后添加出里面的面域符号。注意，面域符号需要事先制作好并加载进来、路径支持上去方可添加使用。

8.5.2 半依比例符号

半依比例符号一般是线型的符号,像道路、河流、管线等,绘制时要注意按照图式中的要求进行线型设计。线型中有特殊内容的,如城门垛等,要先用形将城门垛定义出来并编译加载,再在设计的城墙线型文件中引用,最后加载到线型库中以便应用。

8.5.3 非依比例符号

地形图中的非依比例符号需要按照图式中的尺寸要求提前制作好各个独立地物符号图,建立起地形符号库,再根据图中的情况在定位点上插入该非依比例符号即可。绘制时只需使用"插入图块"命令"insert"即可。

8.5.4 注记符号

注记符号在地形图的绘制中不可或缺,要注意字体样式的设置,注记数字时注意字头要朝上,文字注记有水平字列、垂直字列、雁形字列、屈曲字列等,山体、河流等注记要采用雁形字列注记。

8.6 等高线的绘制

8.6.1 手工绘制等高线

8.6.1.1 等高线的概念

等高线指的是地形图上高程相等的各相邻点所连成的闭合曲线。地形图上一般是用等高线来描绘地貌。如果某处经过的等高线较多(较密),说明此处由海拔较低(或海拔较高)的地方到海拔较高(或海拔较低)的地方所经过的距离较短,那此处可能是陡崖或悬崖;如果某处等高线经过的很少,说明该处坡度很缓(很平坦)。采集野外数据时,在地貌特征点都要进行采集,像山顶、鞍部、山谷、山脊线和山谷线上的坡度变化点等,这些地方都能把山的大致轮廓(即地貌)勾绘出来,一般称为地貌特征点。

8.6.1.2 等高线通过点的计算

在高程点数据和点名展绘到绘图区域以后,各相邻地貌特征点都已经存在,只要内插出等高线通过点就可以完成等高线的勾绘了。和手工纸上绘图方法一致,要根据相邻高程点之间的水平间隔及高程差值进行内插。地面坡度 i、等高距 h 和等高线的水平间隔 d 之间的关系为：

$$\tan i = \frac{h}{d}$$

下面以 2 个已知高程的变坡点为例，介绍运用按比例内插方法找出等高线的通过点的方法。如图 8-8 所示，A、B 为两个相邻变坡点，已知 A 点高程 H_A=122.5m，H_B=130.7m，基本等高距为 2m，从图 8-8 上量得 AB 两点间的水平间隔 d=4.1m，求 AB 等高线通过的位置。

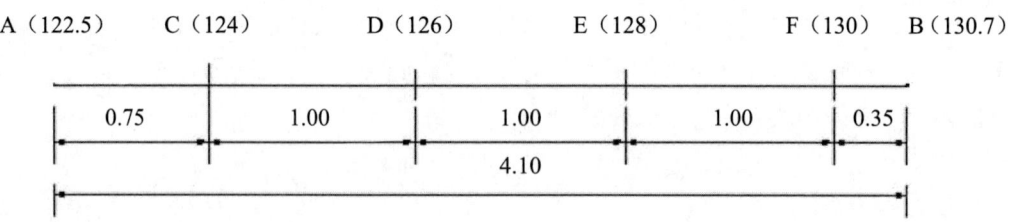

图 8-8　内插等高线图

通过题意已知基本等高距为 2 m，所以，AB 两点间经过的等高线有 124 m、126 m、128 m、130 m 四条等高线。根据坡度一致，所以，124 m 等高线经过点 C 距离 A 点高差为 1.5 m，其平距为：

$$d_1 = \frac{1.5}{130.7-122.5} \times 4.1 = 0.75\ m$$

126 m 等高线、128 m 等高线、130 m 等高线之间的平距分别为：

$$d_2 = d_3 = d_4 = \frac{2}{130.7-122.5} \times 4.1 = 1.00\ m$$

130 m 等高线经过点 F 与 B 点之间的平距为：

$$d_5 = \frac{0.7}{130.7-122.5} \times 4.1 = 0.35\ m$$

绘制方法是：

先设置点样式为"十"字；再绘点："常用"选项卡→"绘图面板"→"点"按钮→"多点"，打开对象追踪，用鼠标输入追踪 AB 方向，设置追踪距离为 0.75，绘出 124 m 经过处 C 点；设置追踪 BA 方向，设置追踪距离为 0.35，绘出 130 m 经过处 F 点；用同样的方法插入 D、E 两点，如图 8-8 所示。

8.6.1.3　等高线的勾绘

等高线所经过的点的位置确定之后，使用"多段线"pline 命令将相邻的同等高程的点相连成线，再用"样条曲线"spline 命令将多段线拟合，之后就得到了圆滑的曲线了，该曲线再经过处理就是所要的等高线。曲线处理包括等高线遇到河流、道路时要断开，等高线的高程注记标在平缓处，字头朝向高处。

8.6.2 用软件绘制等高线

用软件绘制等高线，各软件的绘制方法大致是建立 DTM → DTM 编辑→等高线内插→等线绘制等。下面以 CASS 软件来说明等高线的绘制步骤。

8.6.2.1 建立数字地面模型（构建三角网）

这里的数字地面模型指数字高程模型。野外数字测图软件都是基于三角形格网的DTM，绘制等高线之前通常要利用野外采集的坐标数据文件来建立 DTM。具体操作如下：

单击"等高线\由数据文件建立 DTM"项，在弹出的"输入数据文件名"对话窗中输入相应的数据文件名，确定后命令行窗口提示：

请选择：1. 不考虑坎高 2. 考虑坎高 <1>: 回车。

此处提问在建立三角网时是否要考虑坎高因素。如果要考虑坎高因素，则在建立DTM 前系统自动沿着坎毛的方向插入坎底点，这样新建坎底的点便参与三角网组网的计算。因此在建立 DTM 之前必须要先将野外的点位展出来，再用捕捉"节点"或"最近点"方式将陡坎绘出来，然后还要赋予陡坎各点坎高。选择后命令行窗口提示：

请选择地性线：（地性线应过已测点，如不选则直接回车）

Select objects: 回车（表示不选地性线）。

地性线是过已测点的复合线，如山脊线、山谷线。如有地性线，可用鼠标逐个点取地性线。如地性线很多，可专门新建一个图层放置，提示选择地性线时选定测区所有实体，再输入图层名将地性线挑出来。另外，系统默认陡坎骨架线为地性线。绘制地形图一般要选择地性线。

请选择：1. 显示三角网 2. 不显示三角网 <1>: 回车。

命令行提示生成的三角形个数，生成的三角网如图 8-9 所示。三角网如不在当前屏幕上，可用"平移"等功能移至图形编辑区。

8.6.2.2 修改三角网

由于现实地貌的多样性和复杂性，自动构成的数字地面模型与实际地貌不太一致，如楼顶上的控制点参与建模、三角形边横穿地性线（建模时没有选地性线），这时可以通过修改三角网来修改这些局部不合理的地方。

删除三角形：如果在某局部内没有等高线通过或三角形连接不合理，则可将其局部内相关的三角形删除。删除三角形时，可先将要删除三角形的局部放大，再选择"等高线\删除三角形"项，当命令行提示："Select object:"这时可用鼠标选择要删除的三角形，如果误删，可用"U"命令将误删的三角形恢复。

过滤三角形：可根据需要输入符合三角形中最小角的度数或三角形中最大边长最多大于最小边长的倍数等条件，过滤掉部分形状特殊的三角形。另外，如果生成的等高线不光

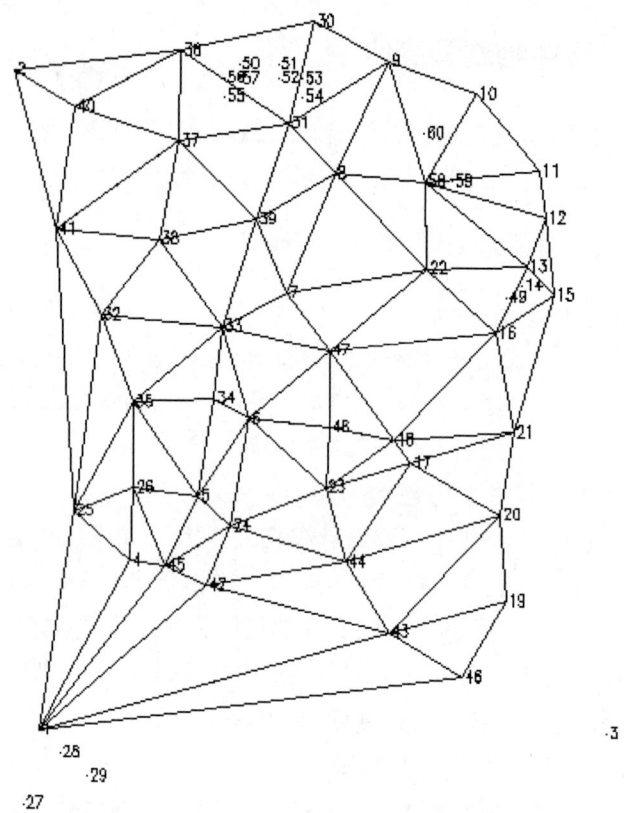

图 8-9 DTM 三角网

滑，也可以用此功能将不符合要求的三角形过滤掉再生成等高线。

增加三角形：依照屏幕的提示在要增加三角形的地方用鼠标点取，如果点取的地方没有高程点，系统会提示输入高程。

三角形内插点：在三角形中指定点，可将此点与相邻的三角形顶点相连构成三角形，同时原三角形会自动被删除。

删三角形顶点：此功能可将所有由该点生成的三角形删除。这个功能常用在发现某一点坐标错误时，要将它从三角网中剔除的情况下。

重组三角形：指定两相邻三角形的公共边，系统自动将两三角形删除，并将两三角形的另两点连接起来构成两个新的三角形，这样做可以改变不合理的三角形连接。

修改完三角网后，执行"等高线\修改结果存盘"命令，把修改后的数字地面模型存盘。否则修改无效。当命令行显示"存盘结束！"时，表示操作成功。

8.6.2.3 绘制等高线

建立数字地面模型后，便可绘制等高线了。单击"等高线\绘制等高线"项，系统在命令行的提示和操作为：

最小高程为 XXX 米，最大高程为 XXX 米 。（系统从数据文件中自动搜索最小高程和最大高程。)

请输入等高距 < 单位：米 >:（根据测图比例尺和现场的地貌起伏输入合理的等高距。）

请选择：1. 不光滑 2. 张力样条拟合 3. 三次 B 样条拟合 4.SPLINE <1>：

这里一般输入"3"，用三次 B 样条拟合生成的等高线最光滑。也可根据需要采用其他拟合方法。例如输入"3"，回车。命令行显示：

正在绘图，请稍候！

……

绘等高线完成！

生成等高线后就不再需要三角网了，可用"删三角网"的命令将整个三角网全部删除。自动绘制的等高线如图 8-10 所示。

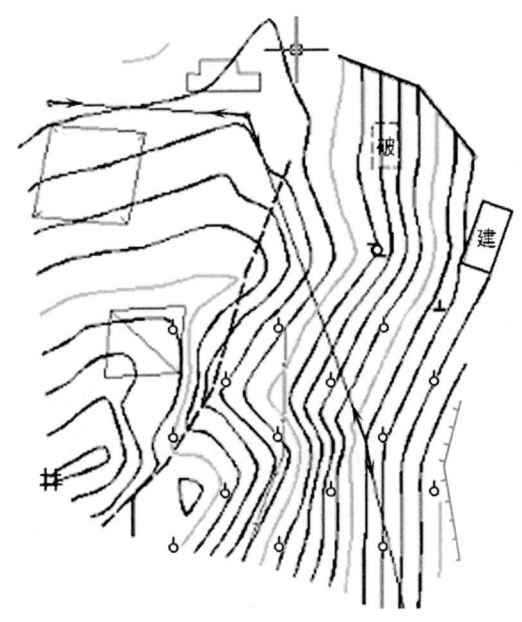

图 8-10　自动绘制的等高线

8.6.2.4　等高线编辑

绘完等高线后，常需要注记计曲线高程，另外还需要切除穿过建筑物、双线路、陡坎、高程注记等的等高线。

1. 注记等高线

"等高线注记"命令有"单个高程注记""沿直线高程注记""单个示坡线""沿直线示坡线"四个功能项。注记等高线之前，如果还没有展绘高程点，应先用"绘图处理\展高程点"命令按需要展绘高程点。另外，通常用标准工具栏中的"窗口缩放"功能，得到如图 8-11 所示的局部放大图，再执行"等高线\等高线注记"命令，注记等高线。如用"等高线\等高线注记\单个高程注记"的命令注记等高线，命令区提示与操作如下：

选择需注记的等高（深）线：移动鼠标至要注记高程的等高线位置，如图 8-11 之位置 A，按左键，依法线方向指定相邻一条等高（深）线：移动鼠标至如图 8-11 之位置 B，按左键。等高线的高程值自动注记在等高线上，字头自动朝向高处。

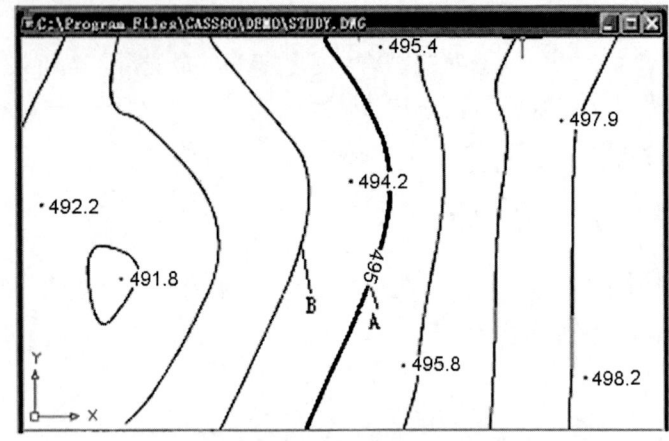

图 8-11 在等高线上注记高程

2. 等高线修剪

执行"等高线\等高线修剪\切除穿建筑物等高线"命令，弹出如图 8-12 所示对话框，设定相关选项，单击确定后按输入的条件修剪等高线。

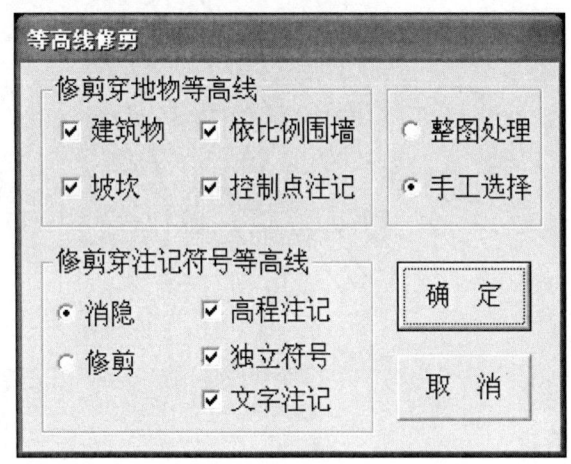

图 8-12 等高线修剪对话框

3. 切除指定二线间、指定区域等高线

按照制图规范，等高线不应穿过陡坎、建筑物等。执行"等高线\等高线修剪"下"切除指定二线间等高线"或"切除指定区域内等高线"命令，程序将自动切除指定等高线。应当注意，需要切除指定区域的等高线时，指定区域的封闭区域边界一定要是复合线。

4. 等值线滤波

此功能可在很大程度上给绘好等高线的图形文件减肥。执行此功能后，系统提示如下：

请输入滤波阈值：<0.5 米>

这个值越大，精简的程度就越大，但是会导致等高线失真（即变形），因此，可根据

实际需要选择合适的值,一般选择系统默认的值。

上机综合训练

要求:

1. 在绘图前设置图层、尺寸标注样式等绘图环境。

2. 按图中标注的尺寸绘制,图中尺寸不全的,读者根据图中各图形元素对象相对位置,自己确定尺寸。

3. 对绘制好的图形,要进行尺寸标注和文字标注。

4. 绘制一幅简单的地图形。

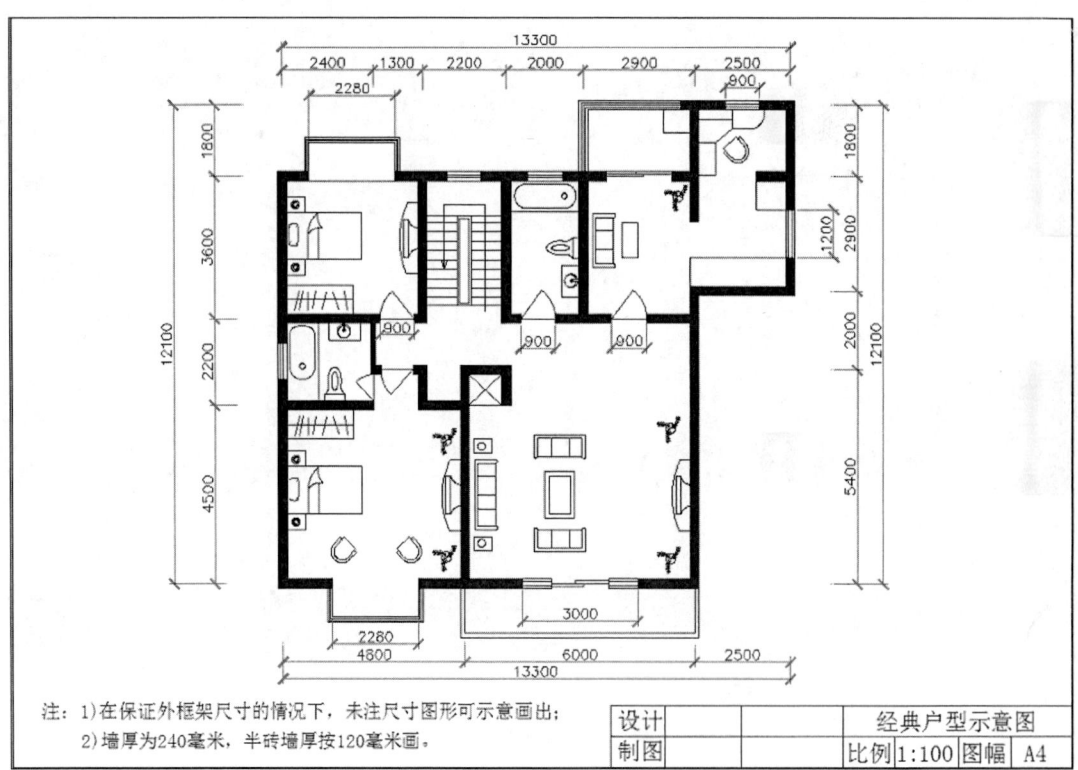